FAO中文出版计划项目丛书

鱼：

知之，烹之，食之

联合国粮食及农业组织　编著

唐利玥　赵　贞　译

中国农业出版社
联合国粮食及农业组织
2025 · 北京

引用格式要求：

粮农组织。2025。《鱼：知之，烹之，食之》。中国北京，中国农业出版社。https://doi.org/10.4060/cc1395zh

ISBN 978-92-5-136734-6（粮农组织）
ISBN 978-7-109-33176 -1（中国农业出版社）

目　录

目　录

目 录

庖丁解"鱼"

鱼，粮农组织与你

不只是烹饪

吃鱼是生活中最令人享受的事情之一——本书的著成正是基于这一理念。书中收录了来自全球主要地区的数十种食谱。如果您喜欢海鲜、水产品和渔业产品，那么相信您一定能在本书中读到适合您的内容。联合国粮食及农业组织（粮农组织）在全球三分之二的国家都设有分支机构，我们知道世界各地的餐桌上都有什么。与大家分享这些美食财富是我们出版此书的一大理由，但却不是唯一的理由。

我们介绍的大多数菜谱都是"国民"菜谱，取材于由家庭经验总结而成的美食传说。菜谱由我们粮农组织的员工在当地收集而来，通常是本地人从小到大吃的菜肴或其改良版本。除此以外，在本书中您还会看到由著名厨师为我们精心烹制的菜肴，在他们的手中，民族传统得到了重新演绎。

对于每一种鱼类，我们都力求提供比一般烹饪书更多的文化、历史或环境方面的背景资料，也会涉及经济和贸易等领域。毕竟在当今这个时代，美食已不仅仅是解决温饱问题的手段，而是一种全球共识。大多数烹饪书都从厨房工作台上的鱼开始，而我们的书则从鱼市开始（甚至会从水下开始），为您提供如何辨别商品和避免买到假货的小贴士。

鱼类应对贫困、饥饿和营养不良

本书的意义在于：粮农组织认为，吃鱼不仅是一种享受，也是全球公民意识的体现。本书出版于国际手工渔业和水产养殖年，以此来祝贺渔民、养鱼户和渔业工作者所作的贡献，支持他们接受培训以提高生产效率，将他们与市场（其中也包括您，我们的读者）连接起来，帮助他们不仅仅是生存下去，还要活得更好。在本书中，我们将向您介绍粮农组织在上述方面所做的工作。

但本书更深远的意义在于：在"可持续发展目标"框架下，世界各国已经承诺在2030年之前消除一切形式的饥饿和营养不良。但由于受到局部冲突、不稳定局势、新冠疫情大流行、部分国家政治意愿薄弱等影响，如期实现这一目标已经变得岌岌可危。到2021年为止，全球营养不良人口仍高达8.28亿人，30亿人无法获得最基本的健康饮食。

在此背景下，鱼类为全球近一半人口提供了每日动物蛋白摄入量，如果仅考虑优质动物蛋白或多样化饮食所需的微量营养素的话，这一比例甚至会更高。换句话说，仅靠鱼类或许不足以确保全球粮食安全，但没有鱼类就没有全球粮食安全。成年人盘子里的每一块鱼都是对全球饥饿的一次打击，每一顿含有鱼类的校餐都是我们对抗儿童营养不良的一次胜利。吃鱼不仅仅是为了维持生计，更是为了享用这世界上最重要的资源之一。

资源管理的紧迫性

但请原谅我们有些矛盾的说法：资源必须要得到保护。"联合国可持续发展目标"敦促我们保护水下生命，可持续地利用海洋资源。目前，全球三分之一的水下生物正在以不可持续的方式被捕捞，大片的海洋没有得到妥善管理，犯罪行径屡禁不止。

不过令人欣喜的是，海洋保护已逐渐提上日程。2022年在里斯本召开的联合国海洋大会为应对气候变化造成的海洋生物多样性急剧

一半地球人口动物蛋白摄入的五分之一是鱼类

@ Quang Nguyen Vinh on Pexels

丧失提供了机会。在世界贸易组织框架下，一项旨在终止有害渔业补贴的条约正在酝酿。近100个国家签署了粮农组织的《港口国措施协定》：签署方同意禁止从事非法、不管制和不报告捕鱼的船只进入和使用其港口。通过加入这一协议，最不发达国家的鱼类产品将不再受欧盟市场准入的限制。

由粮农组织和秘鲁联合开展的渔业活动
有助于阻止非法捕鱼

渔业养殖的未来

事实上，市场正是进步的驱动因素。目前，水产养殖满足了全球鱼类需求的一半以上。尽管存在种种弊端，但养殖业确实有助于缓解海洋压力。总体而言，它比畜牧养殖更有效率，温室气体排放量也更少。它还是一个不断创新的领域，从防治鱼病的非药物技术到使用养殖昆虫替代鱼粉。世界需要养殖更多的鱼，而不是更少（理想情况是到2030年增加三分之一，重点关注非洲等粮食不足地区），但要以可持续的方式推进。

本书以合乎逻辑的方式，将养殖鱼类与捕捞鱼类一同呈现在读者面前，并会经常推荐养殖鱼类。以三文鱼为例，公众有时对养殖条件的批评很激烈，因此我们希望坦率地讨论问题，将事实与道听途说区分开来，以减轻消费者的顾虑。

写在最后

粮农组织的优势或许在于食品科学和经济学，但我们也清醒地认识到食物给人带来快乐和提供情绪价值的属性。撇开繁重的任务不谈，我们更喜欢引人发笑的趣闻轶事，而不是任何形式的说教。这就是为什么本书虽然严肃，但并不脱离实际。我们希望您能从我们的"鱼类访谈"中找到乐趣，这些轻松愉快的跨物种交流和我们精心绘制的食谱插图一起，为本书增添了不少趣味。如果《鱼：知之，烹之，食之》能激起您的好奇心，唤起您保护生态的欲望，给您带来乐趣，最重要的是让您吃得好，那么我们的工作就完成了。

©Harrison Haines on Pexels

什么鱼? 为什么?

你知道吗，世界上的水生物种的数量可能比任何东西（微生物除外）的数量都要多。我们目前已知的水生物种约有25万种，但据估计，现存水生物种的数量可能是这个数字的8倍。根据2010年代的预测，91%的海洋生物尚未被记录。当然，在这些种类繁多的生物中，只有极少数是鱼、甲壳类、类鱼生物甚至藻类，适合人类食用的生物则更少。

即使有这些注意事项，一本烹饪书（尽管是带有分类学色彩的烹饪书）也需要进行一些分类。在决定介绍哪些鱼类时，我们力求在熟悉的和陌生的鱼类之间取得平衡，将全球的和本地的、野生的和养殖的、咸水的和淡水的鱼类糅合在一起。而且作为一个拥有近200个成员的国际组织，我们也力争做到涉足广泛，不放过世界上任何一个主要地区。

当然，并不是所有鱼类都是随处可得的。事实上，地球上任何一个地方都不可能同时拥有本书中所介绍的所有鱼类：我们很清楚，对多样性的追求会遇到种种实际问题。如在某些情况下，在一个地区能够可持续获得的鱼类，在其他地区可能并非如此。因此，本书会时常提出一些替代品（不仅是鱼类，还有搭配的蔬菜和其他配料），希望读者能从中得到启发，自己想出相应的替代品。在厨房里，套用一句特别的说法："替代是成功之母。"

鰤鱼

高 体 鰤

∙∙∙∙∙∙∙∙∙∙∙∙∙∙∙∙∙∙∙∙

鰤鱼华丽、美味，但会让人有些困惑。更确切地说，在决定该怎么称呼它的时候，我们经常是一头雾水。鰤鱼是生活在温暖海水中快速游动的鲹科鱼，拉丁语中叫做"*Seriola*"。在日常生活中，很多人不确定怎么称呼它。美式英语把鰤鱼称为"yellow jack"，有时也被称为"pompano"，这也可能指整个鲹属。在法语中，它被叫做"sériole couronnée"或"sériole ambrée"——一种不会让人失望的、讨喜的、代表爱情的鱼。在正式的意大利语中，它被叫做"ricciola"，但方言也管它们叫"leccia""fijtula"或者"jarrupe"。

日本养殖的鰤鱼比其他任何鱼类都多，在提到其本土物种——五条鰤时，他们拥有一套完整词汇来指代不同年龄的鰤鱼，名称既准确又模糊，在菜单和货摊上最常见的名字是"hamachi"（幼鱼，重约3千克）和"buri"（成熟鱼，重5千克及以上）。然而，大阪人眼中的"hamachi"，却在东京被叫做"inada"；人工养殖的"buri"，可能也会被当作"hamachi"。英语中，所有这些词汇都被叫作黄尾鱼，而且这些名字有可能会和另一种鱼类——黄尾金枪鱼混淆。

这种多样化的称呼很有可能让消费者感到抓狂。或许我们应该以更轻松的心态享受这道鰤鱼杂烩汤，为它丰富的表现形式而欢呼。毕竟，这种五花八门的名称传达了一个事实：早在语言和商业标准化之前，鰤鱼就已经融入了当地的渔业和饮食文化。如今，鰤鱼还没有像鳕鱼和金枪鱼那样受到全球的追捧，但这种现象指日可待：鰤鱼野生资源丰富，并且易于人工养殖，寿命可达15年，且繁殖力极强；肉质细腻，富含蛋白质和磷钾——肌肉、神经和牙齿都离不开这些矿物质。最重要的是，鰤鱼非常"吸睛"：它们的体长可超过1.5米，雌性通常比雄性更大。鳍呈现出一种金色，显然是和名字一样的琥珀色。或者，根据鱼种的不同，一条琥珀色的线可能会从眼睛到尾巴将鱼体一分为二，就像阳光划过云层。

鲕鱼在幼年时是群居的，但随着年龄的增长会离群独处。日本市场倾向于将在南部岛屿附近围栏养殖的幼鱼用于制作寿司。成熟的鲕鱼通常是在野外捕获的：肉质更肥美，经常与照烧酱搭配。做这道菜时，可以在几块厚厚的鱼排上撒盐，然后放五分钟：盐会把血吸出来。将鱼排擦干净（但不要水洗），撒上面粉，然后在平底锅中加少许油进行煎炸。用锅铲压住鱼排，使其更加酥脆。两面煎好后，将鱼从锅中取出，用厨房纸吸掉多余的油，放在一边。制作照烧酱时，在平底锅中加入等量的酱油、清酒、味醂和糖，搅拌成酱汁。将鱼放回锅中慢火再煮一分钟，并用酱汁浇淋。鱼排上的面粉会使酱汁更加浓稠，如果需要，可以加少许水稀释。佐以米饭、烤韭菜和青椒，配以绿茶或冰啤酒。

黄油般的肉，富含矿物质

了解你的鱼

鲕鱼是一种受欢迎的、娱乐性垂钓鱼类。很多人都喜欢在大海中垂钓这种鱼——但对于不钓鱼的人来说，他们看到的鲕鱼是预先切好的鱼片、鱼排或寿司和生鱼片。在高级的意大利餐厅，鲕鱼被切成几乎透明的薄片，可以生吃，虽然这种做法并不常见。

如果从日本进口，基本上都是人工养殖的鱼。其标签一般为黄尾鱼（再次提醒，注意与黄尾金枪鱼进行区分），或日本鲕鱼，或这些术语的组合。而其他地方销售的鲕鱼，则有可能是捕捞的。无论哪种情况，标签上都应清晰标示。欧盟规定，如果鲕鱼来自粮农组织的捕鱼区必须加以注明。对于消费者来说，如果您不确定买到的鲕鱼是否是野生捕捞的，可以向商家询问，但不要被这个答案左右。不管是野生鲕鱼还是养殖鲕鱼，都很好吃。

鲕鱼是一种油脂丰富的鱼类：鱼肉丰满、结实和柔软。幼鱼的肉呈玫瑰红色，可能略带蓝色；成熟的鱼肉则呈温暖的淡紫色。如果切口来自鱼的背部，血线有时是明显的颜色划分，分为砖红色和粉红色。

尽量不要把鲕鱼煮过头，应使鱼身上保留一些脂肪，不然可能会变得干柴而失去风味。可以快炸、烧烤或者用足够的液体炖煮来保持水分。我们的特色菜谱来自西非海岸的佛得角。该菜谱将当地称为"charuteiro"的鲕鱼蒸煮成美味的克里奥尔浓汤。

*1 卡 =4.1868 焦耳。——编者注

营养成分表

新鲜的高体鲕

项目	每 100 克
能量	129 千卡 *
蛋白质	21 克
钙	15 毫克
铁	0.6 毫克
锌	0.7 毫克
碘	11 微克
硒	29 微克
维生素 A（视黄醇）	4 微克
维生素 D_3	4 微克
维生素 B_{12}	5.3 微克
ω-3 多不饱和脂肪酸	1.07 克
EPA（二十五碳五烯酸）	0.19 克
DHA（二十二碳六烯酸）	0.73 克

他们怎么称呼你？

我的官方名称为高体鲕，鲹科家族。如果你想写信给我，我的邮箱上就是这么写的。除此之外，我还有很多民间名字，通常都是指美好的事物，比如黄金或爱情。但即使同属一个语言体系，人们也很难就一个名字达成一致。

是谁为你正式命名的？

在1810年，安托万·约瑟夫·里索（Antoine Joseph Risso）为我命名。他是一位来自法国尼斯的博物学家，出版了一本鱼类学著作，其中包括对我们现在所知的法国里维埃拉地区的研究。为了纪念当时的另一位法国科学家，安德烈·玛丽·康斯坦特·杜梅里尔（André Marie Constant Duméril.），他给我起了杜梅里尔（dumerili）这个名字。

我们可能想给你写信，但我不知道你住在哪里。

在大西洋和印度洋—太平洋的热带和亚热带（北纬45°～南纬28°）地区。

换一种我能理解的地理位置吧，拜托！

从新斯科舍到西大西洋的巴西、南非近海、波斯湾及太平洋的澳大利亚、日本和夏威夷周边海域。还有地中海，以及从比斯开湾到塞内加尔。在英国就没那么多了。我也住在日本的养殖围栏里。

所以你有多个地址，还有多个名字。你能告诉我们一些关于你自己的私人信息吗？

我是雌雄异体生物，这意味着我会分裂为雄性和雌性。这种情况往往发生在四五个月大、身长约25厘米的时候。但我不存在两性异形：无论我是哪一种性别，我看起来并没有什么不同。在这方面，我不同于其他鱼类，如鲑鱼——更不用说人类，或公狮和母狮，或鸳鸯了。

鱼类访谈

鲕鱼

鲜鱼杂烩汤

CALDO DE PEIXE

　　仅仅一代人的时间，佛得角就从最不发达国家一跃成为中等收入国家。但其经济仍然脆弱。50多万人生活在9个不同的岛屿上，一场干旱或新冠疫情这样的大流行病就能让许多家庭迅速陷入贫困，并威胁到粮食的获取。1949年，在饥荒来临之际，独立前的"援助灾难"或"福利灾难"给佛得角人的集体记忆留下了创伤。在2月的一天，成千上万的佛得角人聚集在首都普拉亚的福利办公室。他们排队领取援助粮食时，一堵墙突然发生倒塌，造成超过230人死亡。

　　近年来，佛得角的水产业既保障社会安全，也扩大出口创汇。但自相矛盾的是，说服当地酒店业（该国大部分收入来自旅游业）在国内采购鱼类比较困难。与此同时，粮农组织一直在帮助佛得角发展可持续捕鱼实践并管理其海洋生态系统：在撰写本报告时，在一项由挪威资助的项目中，粮农组织运营

的一艘研究船"弗里乔夫·南森博士号"（Dr Fridtjof Nansen）刚刚启程前往佛得角群岛执行第三次任务。

　　佛得角的鱼类贸易是有性别分工的：男人捕鱼，女人卖鱼，要么在市场上售卖，要么挨家挨户售卖。在这个水域面积是陆地面积十倍的海洋国家，美食也大有可为，它融合了非洲裔葡萄牙人的特征和热带风情。佛得角著名的音乐节也是如此。

准备4～6人份的美食，你需要：

2个较大的或3个较小的绿色香蕉

800克鲥鱼片

800克木薯*，去皮，切片1.5厘米厚，清洗和预泡

1/2个奶油南瓜（或橡子南瓜等），去皮切块，约300克

1千克山药或甘薯，切片

2个辣椒（最好是两个不同颜色），切成丁

2～3个大番茄，去皮切碎（为更容易去皮，用沸水烫1分钟，然后冷却，表皮会卷曲分开）

1把欧芹和香葱，切碎

1/2棵羽衣甘蓝，切成3厘米的切片

6～8瓣大蒜

1个洋葱，切片

1片月桂叶盐和新鲜胡椒橄榄油（或一半橄榄油和一半芝麻油）和醋

*关于木薯的讨论，请参见亚马孙河鱼类部分的说明。请注意，应提前浸泡木薯片，以消除毒性。

步骤

① 在研钵中将一半的大蒜、盐和胡椒、2汤匙油、月桂叶和少量醋研磨成糊状。把这种糊状物擦在鱼排上，放冰箱冷藏一个小时。

② 在腌鱼的同时，将香蕉去皮，放入加盐的沸水中煮20分钟左右。

③ 在一个大平底锅中倒入橄榄油，微微加热。将剩下的大蒜切碎，加入锅中炒软。先放一层洋葱片，再放一层番茄和香草。在上面放上山药、辣椒和羽衣甘蓝，然后再放上剩余的洋葱、番茄和香草。番茄应该会出汁水，但如果需要，还可以加一点水。继续加热，注意不要烧焦。

④ 把鱼排放在蔬菜混合物上，用盐和胡椒调味，然后倒入青柠汁。加入足够的水没过蔬菜，但不要超过鱼排位置——鱼会被水蒸气蒸熟。水烧开后，转小火慢炖。必要时再加水，但不要超过鱼片位置。

⑤ 当蔬菜看起来快熟的时候——最好尝尝味道！加入南瓜丁和切成厚片的熟香蕉。倒入椰奶并煮沸。

⑥ 关火。小心地将鱼排移到旁边的盘子中。将蔬菜浓汤舀入单独的碗中，将鱼排放在上面，即可食用。

凤尾鱼

鳀鱼

· ·

　　世界上很多温带地区都有凤尾鱼（鳀鱼）分布。从英国到越南，不同的地方都有把凤尾鱼打烂、捣碎和挤压成某种增味剂的历史。撇开这一点不谈，从经济和美食角度来看，凤尾鱼是地中海及其文化聚集区（伊比利亚大西洋和黑海）的首要鱼类。不需要特别的地图阅读技巧，您就可以通过今天的凤尾鱼主要产区窥见罗马帝国的脊梁。意大利、西班牙、葡萄牙和土耳其争夺头把交椅，希腊和克罗地亚紧随其后。

　　在西班牙北部坎塔布里亚海域，丝绸一般的凤尾鱼片被装在极具收藏价值的罐子里。意大利阿马尔菲海岸的鱼露（Colatura di alici）继承了古老罗马鱼露的风味，几个世纪以来一直由西多会修道士保存。一条凤尾鱼盘旋在一团布拉塔奶酪上，再配上用凤尾鱼醋汁调味的罗马卷心菜沙拉（puntarelle）——所有这些都放在酸面团比萨上。几块腌制的鱼片，放入橄榄油搅拌并加热，留下温暖的味道，正如伊人走过留下的香气一样。或是那不勒斯的街头小吃，将新鲜未经加工和腌制的、去头后的凤尾鱼裹上面粉，炸透后放在防油纸里食用。凤尾鱼既古老又现代，既华贵又家常，就像熟透的奶酪，既令人震惊又精致。毫无疑问，它有点儿咸，但并不比一袋薯片咸，而且营养价值更高。凤尾鱼富含烟酸和硒，烟酸是人体必需的B族维生素，而硒则能防止细胞受损。

　　用奶酪做类比并非无的放矢。凤尾鱼确实能与奶制品搭配，这点很多鱼类都做不到。这并不是说黑线鳕鱼浸泡在牛奶中就不好吃，或是说罐装金枪鱼不适合淋上切达干酪碎并放在烤架上烤。但小巧、活泼的凤尾鱼凭借它与奶酪丰富且绝妙的组合更胜一筹。它可以与黄油、奶油、黏稠的意大利干酪或曼什戈奶酪搭配，也可以与大蒜、醋、橄榄和辣椒搭配——所有这些都是很好的搭档。

严格来说，凤尾鱼可分为100多个品种，但商业登记的只有6个左右。不同品种之间的差别很小。凤尾鱼普遍体型小而纤细，呈银色，偶尔带点绿色。无论从外观还是遗传学上看，都与体型大一些的鲱鱼和沙丁鱼关系密切。

食物链底端的生物，却高深莫测

凤尾鱼是一种群居鱼类。由于体型较小，在海洋食物链中处于底端（几乎所有海洋生物都可以捕食它们）。凤尾鱼总是成群结队地活动，其规模之大，密度之高，足以将整片海域遮蔽得漆黑一片。2014年7月，在加利福尼亚州拉霍亚海滩外蜿蜒三天的凤尾鱼群，可能是迄今为止观测到的最大鱼群：难以计数的个体似乎形成了一个巨大的阴影，横跨水面。大规模的鱼群出现在如此靠近海岸、如此温暖的水域中，时至今日仍令科学家们感到困惑。换句话说，我们吃凤尾鱼可能已经有几千年的历史了，但至今还未完全揭开它们神秘的面纱。

了解你的鱼

无论是整条的、切片的、用卤水或醋保存的还是用盐腌制、用橄榄油浸泡的，您买到的凤尾鱼通常是装在罐子或瓶子里的。事实上，在正统西班牙语中，凤尾鱼有三个不同的名字，这取决于它的状态：新鲜的叫"bocarte"，盐腌的叫"anchoa"，醋腌的叫"boquerón"。价格随产地而上涨：来自西班牙坎塔布里克和意大利切塔拉的产品会卖的更贵些，但最终价格也与制作切片的劳动量和工艺有关。手工加工（罐头上会注明）并在捕获后数小时内包装的凤尾鱼价格最高。

如果您买的是新鲜凤尾鱼，长度应在10至15厘米。有些国家规定了最低法定长度。在本章节食谱原产地土耳其，最低法定长度为9厘米。在2021年初，受到偷猎和气候变化的共同影响，黑海的渔获长度变得比往年要短，于是土耳其当局颁布了临时禁渔令，以便让鱼群恢复。

不论购买任何产地的新鲜凤尾鱼，银色的光泽和干净的海洋气息是认证其新鲜的良好指标。如果鱼身破损、过于凌乱、有霉味尤其是有腐烂的臭味，则不宜购买。

营养成分表

新鲜的欧洲凤尾鱼

项目	每 100 克
能量	131 千卡
蛋白质	20.4 克
钙	147 毫克
铁	3.3 毫克
锌	1.7 毫克
硒	37 微克
维生素 A（视黄醇）	15 微克
维生素 B_{12}	0.6 微克
EPA	0.538 克
DHA	0.911 克

我在比萨店见过你，对吧？

大概吧。我经常出现在比萨上，虽然我不确定这是不是一件好事。

那你更愿意在哪里出现？

我不需要真的出现。只要你把我溶解在酱汁中，或磨碎加入醋中，或融化在加了奶油和大蒜的炖菜中，我就能在没人发现我的情况下提供醇厚的味道。也许这是我最喜欢的出场方式。

你经常被误认为是沙丁鱼吗？

确实如此。但我们是不同科的：沙丁鱼是鲱科，我是鳀科。沙丁鱼看起来有点臃肿，我更苗条，肉也更黑。另外，你刚才还问到了比萨，你试过把沙丁鱼放在比萨上吗？没有吧。

以你的体型来说，你听起来有点傲呀。

记住，我代表我的族群。我们成群结队地移动，而集体力量是巨大的。在地中海一带，几千年来我们都是众人的焦点。我们比沙丁鱼更有味道——当然，我无意贬低任何鱼。我们的价格也更高。

可惜沙丁鱼不能在这里为自己辩护……可以给读者提一条更有建设性的建议吗？

请让你们的孩子喜欢我！我对孩子们来说营养价值很高（不过如果我是腌制的，请注意盐分含量）。

鱼类访谈

凤尾鱼

凤尾鱼烩饭

HAMSİLİ PILAV

英国外交官兼烹饪作家艾伦·戴维森（Alan Davidson）写道：土耳其人是地中海最伟大的凤尾鱼鉴赏家。他的《地中海海鲜》是一本既百科全书式又充满人情味的书，出版半个世纪后，这本书的语调在现在可能显得有些咄咄逼人。但不可否认的是，黑海凤尾鱼（hamsi）是土耳其饮食和社交文化的核心。土耳其每年生产超过17万吨的凤尾鱼，捕捞季节从11月持续到次年2月，新鲜的凤尾鱼是土耳其人冬季的美味佳肴。

港口城市特拉布宗及其周边地区的凤尾鱼捕捞业尤为发达。该地区是土耳其中央渔业研究所（SUMAE）的所在地，同时也是以凤尾鱼为主题的民间文化的发源地，其中包括霍隆圆舞，据说在这种舞蹈中，舞者们晃动的动作是为了模仿被捕获的凤尾鱼。

早在17世纪上半叶，奥斯曼帝国旅行家埃夫利亚·切莱比（Evliya Çelebi）就对特拉布宗的凤尾鱼痴迷不已。埃夫利亚写道，居民们（大多来自格鲁吉亚拉兹族群）以大约40种不同的方式处理凤尾鱼。其中，他特

别列出了一种甜凤尾鱼面包。如果这是真的，那么这个有趣的食谱似乎已经失传了。当时的旅行作家们并没有因为奇特的传说而退缩。例如，埃夫利亚还告诉我们，吃了凤尾鱼后，身上的所有疼痛都会马上消失。我们的凤尾鱼烩饭可能无法达到这个目标（如果确实能达到，请务必告诉我们），但应该能达到一些娱乐的目的。

凤尾鱼烩饭显然是一道派对菜肴，您可以把它想象成海洋蛋糕。它由烹饪过的米饭组成，散发着醋栗和香料的芬芳，然后将米饭包在凤尾鱼片中再次烹饪。

如果您买的是整条的凤尾鱼，可以先去掉鱼头，然后用拇指顺着鱼腔将内脏挤出来，再用食指和拇指捏住背骨顶部并向下拉。鱼骨会和鱼尾一起脱落，留下自然分开的鱼片。

准备6～8人份的美食，你需要：

250毫升水

1千克凤尾鱼片

250克短粒大米
（巴尔多或阿保利奥品种）

1个洋葱，切碎

2勺黑醋栗

2勺糖

2勺松子

30克黄油

1束欧芹

1大撮肉桂粉

1束莳萝

1大撮五香粉
3勺烹饪用植物油
玉米粉
盐和胡椒粉

步骤

① 将水倒入米中，没过米的表面，静置半小时，然后将水倒掉。

② 在平底锅中倒油，加热，然后倒入切碎的洋葱和松子，翻炒至洋葱呈半透明状，松子变色，注意不要炒焦。

③ 将米倒入锅中，翻炒3～4分钟，然后放入黑醋栗、肉桂粉、胡椒粉、五香粉、糖和适量的盐。

④ 向锅中加水，搅拌并煮沸，然后转小火继续煮，直到水蒸发。把米饭盛出，加入一把切碎的欧芹和莳萝，放在一边冷却。

⑤ 另取一个中号圆形烤盘，涂上黄油。在凤尾鱼片上撒盐并裹上面粉，然后从烤盘中间开始，将它们摆成星形图案，一排接一排，直到烤盘边缘。确保填满所有空隙。继续用凤尾鱼排满烤盘的边缘，中间不留空隙，直到凤尾鱼挂满烤盘边缘。

⑥ 用勺子将米饭放入铺有凤尾鱼的烤盘里，直到离边缘几毫米的地方，将米饭压紧并抹平。将垂下的凤尾鱼片折叠在米饭上，然后继续将剩余的凤尾鱼片在米饭上面摆成星形，从盘子边缘一直摆到中心，直到盖满所有米饭。

⑦ 将烤盘放入烤箱烤25～30分钟，直到凤尾鱼烤得嗞嗞作响。静置几分钟后，将烩饭从烤盘中取出，像切蛋糕一样切块端上桌。

鲤鱼

鲤鱼属

·····················

　　鲤鱼在欧洲、非洲和亚洲的各个地区都普遍存在，以至于它已经成为某种仪式或象征。在中欧的大部分地区，尤其是内陆的捷克和斯洛伐克，鲤鱼是圣诞大餐的主角。波兰和罗马尼亚也是如此，他们虽然拥有绵长的海岸线，但菜式却偏向内陆。鲤鱼作为一种典型的淡水动物，是常见的食用鱼。对波兰人来说，这是12道圣诞指定菜肴之一，重要性夹在罗宋汤（一种酒红色甜菜根汤）和卷心菜、蘑菇馅的波兰饺子之间。虽然大多数罗马尼亚人都喜欢在圣诞节吃猪肉，但是直到饮食多样化之前，他们一年中的任何时候都会吃鲤鱼，包括烘烤、裹面包屑油炸、腌制或做成"saramura"——一种把鲤鱼用月桂、大蒜、黑胡椒和烤辣椒腌制、烧烤后，加入煮熟的玉米粥里做成的菜肴。

　　事实上，世界各地对鲤鱼的看法两极分化，它由文化和财富因素决定。这种经济实惠的鱼类并不受西欧人欢迎，他们更喜欢海鲜而非河鲜：鲤鱼来自湖泊和池塘，如多瑙河、乌克兰和欧亚大陆的宽阔航道中。在北美，鲤鱼很少被食用，经常被认为是一种有害物种。相反，越向东走，鲤鱼的地位越高，需求也越大。在中国，鲤鱼是餐馆鱼类里的主流，可以用酱油、葱、姜红烧，也可以在火辣辣的四川火锅里涮着吃。

成功的秘诀

　　鲤鱼不仅是一种食物，也代表了很多意象。中国艺术中充满了关于锦鲤的场景，或跃在水面上，象征着力量和坚韧；或成对伴游，象征着和谐。民间传说中，鲤鱼和龙之间常常有某种关联——鲤鱼跃龙门，寓意着英勇卓越。在过去，这种意象也代表中举。时至今日，人们发送鲤鱼的表情符号来表示祝愿好运。

特别是红褐鲤，数千年来一直被中式美学所赞赏。大概在1920年，为改变鲤鱼颜色，日本开始进行商业繁殖。鲤鱼在中国与日本的积极寓意在很大程度上是因为发音。汉语和日语都是适合使用双关语和谐音的语言。在中文中，"鲤鱼"（以及一般的鱼）中"鱼"听起来很像"有余""富裕"的意思。在日语中，"爱"的发音和"锦鲤"一样，都是"koi"。

现在，红锦鲤可能让人赏心悦目，银鲤鱼跳得很高，但大多数鲤鱼仍不会被认为是高级物种。鲤鱼是一种下层杂食性鱼类，用没有牙齿的嘴从河底、池塘底和湖底寻找食物。鲤鱼在水底翻腾，使这个水域变得浑浊，影响其他水生生物生活，因此人们想将鲤鱼从河流系统中赶走，比如美国，当地河流中的鲤鱼不是本地的。事实上，现在大多数鲤鱼都来自水产养殖——正常情况下，除非自己捕捞的，否则您买到的鲤鱼都是养殖的。

粮食安全的盟友

老实说，鲤鱼有很多优点。鱼肉呈白色，鳞片坚硬，是人体必需脂肪酸和脂溶性维生素A、E和D的最佳来源之一。寿命长，繁殖力强，因此养殖鲤鱼是确保粮食安全和提高收入的绝佳途径。马达加斯加是世界上最不发达国家之一，在那里，粮农组织推广在稻田里养殖鲤鱼。这不仅节约了农田，还提高了稻米产量，并为鱼类提供了良好的栖息地。

非洲的鲤鱼主要集中在地中海的东部边缘——埃及。在撒哈拉以南的非洲大部分地区，有很多鲤鱼的替代品，如中非复齿脂鲤（*Distichodus antonii*），您会在当地食谱中找到。中非复齿脂鲤也被称为黄肉鲤鱼，从分类上讲，它并非鲤鱼，但两者在味道和社会价值上很接近：在收入较低、获取蛋白质更不稳定的地方，中非复齿脂鲤和鲤鱼一样，可以给需要的人提供营养。

了解你的鱼

购买鲤鱼时，人们不必担心会被欺骗或贴错标签。这种鱼不仅便宜，而且绝大多数都是整条售卖，其圆圆的厚嘴唇很容易辨认：它在鱼头上，就像气球褶皱的末端。鱼身从鱼鳃到鱼尾都有规则的灰棕色格子图案（鲤鱼很少以切片形式出售，这进一步解释了为什么在鱼排占主导地位的美国市场上几乎没有鲤鱼）。

您可能会遇到30～60厘米长的鲤鱼，因此可以灵活地选择需要的数量。鲤鱼的鱼鳞很厚，烹饪前请将鱼处理干净，食用时注意细小的鱼刺。

鲤鱼的味道有时被描述为"泥泞"，这是因为其底栖行为。鲤鱼的腥味很重，可以将柠檬涂抹在鲤鱼身上，以减轻鱼腥味。鲤鱼残留的、难闻的味道在很大程度上是因为释放了组胺。如果鲤鱼在被捕捞后没有直接冷冻，释放组胺就其是对体温升高的应激反应。这就引出了关键问题：鲤鱼必须非常新鲜。在中欧，直到最近还很常见的一种现象是，人们买活鲤鱼，并把鱼放在家里的浴缸中养着，直到要开始烹饪为止。很显然，您不必这么麻烦，但是如果要买鲤鱼当晚餐，最好确保您吃早餐时鱼还活着。

营养成分表

新鲜的鲤鱼

项目	每 100 克
能量	127 千卡
蛋白质	17.8 克
钙	41 毫克
铁	1.2 毫克
锌	11.5 毫克
硒	13 微克
维生素 A（视黄醇）	9 微克
维生素 D_3	25 微克
维生素 B_{12}	1.5 微克
EPA	0.238 克
DHA	0.114 克

是什么原因使你从事喂饱世界的职业？

我的适应能力很强，而且成熟得很快。温暖的环境能明显促进我成长，在亚热带和热带地区，我的生长速度是温带地区的两倍。不过，您也可以把我和其他物种一起养在池塘里。我会适应得很好，而且，大家都会从中受益。

如果我没弄错的话，这叫混养？

是的。在一个无法排水的池塘里，您可以混合和匹配来自（原谅我说得有点专业）不同营养和空间生态位的物种。在池塘的不同水层，包括我倾向于觅食的池塘底部，都有适合鱼类的各种天然生物饵料——浮游植物、浮游动物、碎屑以及鱼肥。

我猜想底栖鱼类的印象可能会让人反感。

但这是无稽之谈。当我在池塘里翻找的时候，我为池塘的其他生物通气，也帮助控制了藻类生物量。相信我，每个生物都会从中受益，单位面积产量会比单一养殖高。您必须正确看待我，但我相信粮农组织的能力，他们已经做得很好了，并在许多项目中传播了相关知识。

那"你尝起来很腥"的说法呢？

如果我是新鲜的，而且冷藏保鲜得当的话，这种说法是不准确而且具有冒犯性的。

请告诉我一个关于你的秘密吧。

我喜欢吃甜食。在东欧，人们总是让我在浴缸里游泳，直到……您知道的……

所以？

嗯，孩子们有时会为我在水面上撒一些糖。圣诞节是所有人的节日。

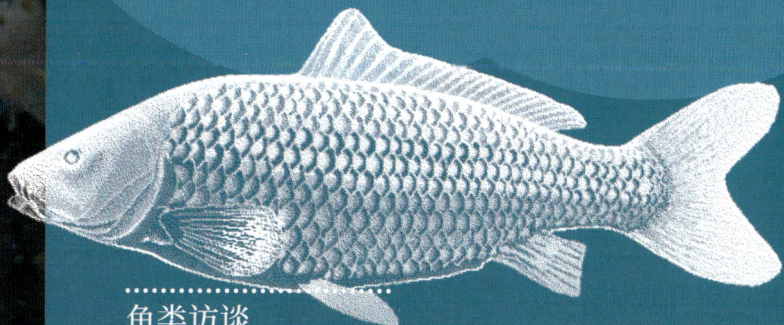

鱼类访谈
鲤鱼

渔夫汤

HALÁSZLÉ

匈牙利位于欧洲中部，是鲤鱼的重要原产地之一，也是世界上最了解水的国家之一。巴拉顿湖在匈牙利的地位相当于一个内陆海，多瑙河和蒂萨河沿岸产生了很多民间传说和风土人情，布达佩斯遍地都是温泉，所有这些都形成了独特的水文知识，服务于工程和医疗、酿酒和水产养殖。19世纪90年代，这里建立了第一个养鱼场。再加上辣椒粉之乡的地位，您会发现这些元素都融合在了热气腾腾的红色的渔夫汤（HALÁSZLÉ）中。历史上，渔夫汤是由河边的渔民烹制的，现在已经出现在匈牙利全国各地的餐桌上。

这道汤有很多种做法：蒂萨河畔塞格德市的做法是将鲤鱼、鲈鱼和鲇鱼混合在一起，而多瑙河畔的做法只使用鲤鱼。为了增加层次感和口感，有时会加入鱼子，偶尔也会加入鸡蛋面。但归根结底，渔夫汤是一种口感浓郁、辛辣的高汤，由切碎的淡水鱼（带皮、带骨）、番茄和辣椒制成。然后将汤过滤，加入鱼肉碎末。鲤鱼浓烈的味道与火辣的汤汁完美结合，就像在四川火锅里一样。

食用时将大块白面包浸泡在渔夫汤中，再配上一杯雷司令或白葡萄汽酒（fröccs）。

准备**4人份**的美食，你需要：

1条鲤鱼
（1～1.5千克）

1个洋葱，切成碎块

1～2个番茄，视大小而定，切碎

2汤匙辣椒粉
（辣的、甜的或烟熏的，或根据口味混合）

1～2个辣椒，去籽

步骤

①购买去除了内脏的鱼，但要保留鱼头、尾、鳍和骨头（或自己处理，但可能很麻烦）。将鱼切成3厘米厚的鱼片，用盐腌制，冷藏备用。

②在一个大平底锅里，将切碎的洋葱放入油中炒至金黄。加入辣椒粉，快速搅拌，使其包裹住洋葱，并确保洋葱没有被煎煳。

③加入鱼头、鱼骨等杂物，加水。用盐和胡椒调味，煮沸后炖1个小时左右，直到鱼肉从鱼骨上脱落。

④当鱼汤煮好入味后，用滤网过滤。去掉鱼尾，但保留任何脱落的或可以从鱼骨上剔下的鱼肉。将这些多余的鱼肉用手工或机械碾碎，再倒入鱼汤中增稠。

⑤将鱼汤倒回锅中，重新煮沸。将鱼片、辣椒和番茄一起放入鱼汤中，转小火再炖15分钟左右。不要搅动太多，否则鱼片可能会碎掉。煮好后趁热上桌。

炸鱼片配蒜和香草

QOVURILGAA BALIQ

乌兹别克斯坦的烹饪特点是直率的、芳香的，融合了斯拉夫民族、土耳其语系国家和亚洲的传统烹饪特色。莳萝和芫荽在这里相遇，羊肉和葡萄干与欧防风和甜菜相得益彰，乌兹别克斯坦甜瓜是曾经送给哈里发与沙皇的珍贵礼物。这个国家的美食非常受欢迎，仅莫斯科就有数百家乌兹别克餐馆。

但是，在乌兹别克斯坦人的饮食中，鱼类并不多见。乌兹别克斯坦拥有3700多万人口，渔业和水产养殖部门仅雇用了几千人，渔业的生产和人均消费都很低。但这道菜值得驻足。在路边小吃店里，鲤鱼被切好，在冒着热气的油锅里炸（在家里做这道菜时要非常非常小心！），出锅后立即裹上大蒜料汁和香草。热与湿、嗞嗞声与生肉、油与鲜的碰撞，伴随着葱的香味，让您流连忘返。

24

准备**4人份**的美食,你需要:

1条1~1.5千克的鲤鱼,洗净,去内脏,去除鱼头和鱼尾

根据饮食偏好和承受能力,最多10瓣大蒜,切碎

2个中等大小的番茄

1大束莳萝
(如果需要,还有欧芹和香菜),切碎

一些番茄酱
(可选)

1个辣椒
面粉
(可选)

步骤

1 将鱼切成V形的鱼片,放置一旁。

2 将三分之一的大蒜和一半的莳萝(如果需要的话可以加入其他香草)和少许盐混合。把鱼片放入混合物中,放入冰箱1小时。

3 把另外三分之一的大蒜泡在温水里,加入少许盐和醋做料汁,放入冰箱冷藏。

4 将番茄和辣椒放入磨碎器或研磨器中碾碎,加入莳萝、一些水和番茄酱(如果需要),搅拌成蘸酱。根据需要调味。

5 在深平底锅或炒锅里倒油并加热。把鱼片从冰箱里拿出来,撒少许面粉(不一定要撒,但撒面粉会让鱼更脆),待油开始冒泡时,下锅炸至金黄色。为避免油温下降,可以分批进行。炸好后,将鱼片放在厨房纸上稍稍沥干多余的油。

6 立刻或者尽快把炸好的鱼浸在大蒜料汁里。理想情况下,当鱼片接触到大蒜汁时,它们应该发出咝咝声。

7 把剩下的莳萝和其他香草撒在鱼上作为配菜,配上番茄酱迅速上桌。

炖鲤鱼

MACH KOLA

孟加拉国是世界内陆渔业产量最高的国家之一，位于恒河、布拉马普特拉河、梅格纳河冲积而成的三角洲上。该国拥有充足的劳动力，超过100万人在水产养殖业工作，鱼类是当地消费最多的动物源性食品，鲤鱼在水产养殖业中占一定地位。当地有一句俗语："鱼和大米造就了孟加拉人"。

这里的食谱要求使用一种名为"露斯塔野鲮"的鲤鱼。露斯塔野鲮原产于南亚，在巴基斯坦和越南也很常见。但这道菜起源于孟加拉国的土著少数民族，是查克玛人的特色菜。这道菜通过提鲜的调味品，而不是多样的烹饪原料或复杂的烹饪方法，让普通菜肴大放异彩。

如果您在孟加拉国以外的地区烹饪，可以用任何种类的鲤鱼，或任何味道不太淡的白鲑鱼代替露斯塔野鲮。炖鲤鱼跟米饭是绝配。

准备**2人份**的美食，你需要：

4块中段的鲤鱼肉，约5厘米厚，连骨切开

1个中等大小的洋葱，切碎

3厘米的姜根，去皮并磨碎

2瓣大蒜，切碎

2～4个青辣椒，对半切开并去籽

（取决于饮食偏好和承受能力）

2勺烹饪用的橄榄油或植物油

1把新鲜香菜

2勺姜黄粉

步骤

❶将所有蔬菜与盐和姜黄粉混合，涂抹在鱼身上。在冰箱中放置1小时。

❷在深平底锅中倒油，加入鱼和腌料，倒入足够的水，使其盖过鱼身。

❸用中火煮10 ～ 15分钟，直到鱼肉变软，倒掉三分之二的水。将香菜切碎，洒在菜品上，配上米饭食用。

烤叶包鱼

LIBOKE DE POISSON FRAIS

"Mboto"，有时被译为"mbutu"或"mboutou"，是一种中非特有的鲤鱼的林加拉语名称。这种鱼通常与条纹较多的鲤鱼相似，其中一些因具有观赏价值而出口。在刚果共和国和刚果民主共和国，以及喀麦隆共和国和中非共和国，"Mboto"都是重要的蛋白质来源。由于缺乏冷藏设备，这种鱼通常被熏制。一项调查发现，2019年，刚果共和国布拉柴维尔市近十分之九的家庭每周至少食用一次熏制的"Mboto"或类似的河鱼。

这道食谱来自金沙萨以东的河畔城市，使用的是新鲜的鱼。"Liboke"（林加拉语）是一种用树叶包裹鱼和其他食物的烹饪方法。这些叶子可能是香蕉叶或竹竿——一种根部可以食用的植物，其粗壮、装饰性的绿色部分通常用作包装材料。这个包装材料最后会被扔掉，因此其他厚树叶或防烧烤的羊皮纸都可以，这样做的目的是让鱼保持湿润，同时吸收烧烤的焦香味（是的，您最好需要一个烧烤炉来制作这道简单的派对菜肴。至于鱼，可以用鲤鱼或其他淡水鱼，或您喜欢的任何鱼代替）。按每人200克鱼计算——总用量将取决于聚会的规模和烧烤炉的大小。

你需要：

鲤鱼或其他淡水鱼

姜

柠檬汁

洋葱

番茄

香葱

植物油
辣椒（可选）
用于烧烤的大片厚
树叶或羊皮纸

步骤

❶ 将鱼清洗干净并去除内脏，去掉鱼鳍和鱼骨，全部切块。

❷ 将所有蔬菜切碎，如果使用辣椒，需将辣椒去籽。倒入鱼块，搅拌均匀，加入一些油和少量水，加盐调味。

❸ 将鱼连同腌料分成几份，每份放在一片树叶或羊皮纸上。将鱼包在树叶或羊皮纸中，留出透气的空间。如果是用树叶，则用牙签或筷子将包装扎紧；如果用羊皮纸，则用绳子扎紧。

❹ 放在烧烤架上烤10分钟左右。打开一个叶包鱼看看，确保没有烤过头——记得要保持鱼的多汁。将这道菜与木薯（当地人称其为"chikwang"）或红薯泥一起食用。

鲇鱼

欧鲇，博氏巨鲇

································

  没有鳞片，胡须浓密，鲇鱼（鲇形目）在努力表达着优雅的姿态。鲇鱼有近3000个品种，遍布世界各地，这种分布模式被称为"世界性分布"，因此很难对鲇鱼一概而论。但总的来说，这些生活在淡水中的鱼类大多体型笨重，没有金枪鱼等其他大型鱼类那么漂亮。鲇鱼的眼睛很小，几乎派不上什么用场，探测食物的功能在很大程度上被强大的胡须（专业叫法为"颌须"）所取代，这些胡须引导鲇鱼在水中寻找食物。鲇鱼没有促进漂浮的巨大气囊，它们的气囊相对较小。扁平、多骨的头部进一步加重了鲇鱼的重量。

  由于这种翻找食物的行为，河鲇鱼背负着"泥泞"的名声，甚至比鲤鱼这种近亲更甚。2021年年底，奥地利林茨市的工程师在疏通一条排水管道时，发现了一条长2.5米、重100千克的鲇鱼尸体。这一发现似乎整合了鲇鱼最不可爱的特性：体型庞大，喜欢阴暗的栖息地，是个潜在的讨厌鬼。

  毫无疑问，以上特性都是事实，但也只是一部分事实。实际上按照鱼类的标准，鲇鱼可能比一般鱼类更聪明。我们暂且不知道鲇鱼之间会说些什么，但我们知道它们的交流系统（包括听觉和嗅觉系统）相当发达。例如，它们善于发出求救信号，还善于判断未来伴侣的确切年龄、生殖状态和社会地位。

鲇鱼是狡猾、有创造力的捕食者。2012年，一项针对欧洲最大的淡水鱼——威尔斯鲇的研究记载了法国阿勒比市塔恩河中的鲇鱼似乎采用了创新性的"抢滩"战术。鲇鱼潜伏在水边，突然跃上陆地捕食活鸽子。这种狩猎智慧与鳄鱼的捕猎技巧相似，证明了鲇鱼对环境的高度适应。温暖的水域环境（尤其是那些经过人类改造的水域环境）特别适合鲇鱼生长，它们寿命长，繁殖能力强，这些特性都意味着鲇鱼很容易养殖，而且价格相当低廉。因此，鲇鱼在欧洲、非洲、亚洲的饮食中很常见。

在烹饪鲇鱼时，您只要将新鲜鱼排中间颜色较深的部分切掉并丢弃，然后将鱼排浸泡在柠檬水中，就能轻松去除鱼肉的"泥泞"味道，最后得到味道清淡、湿润、富含瘦素、维生素D和维生素B_{12}的鱼肉，最后两种营养素都是日常饮食中经常缺少的重要营养素。

笨拙但聪明

了解你的鱼

由于鲇鱼便宜且容易买到，因此在菜市场或餐厅里遇到假货的风险微乎其微。反而是某些品种的鲇鱼容易被冒充为鳕鱼或黑线鳕等高端海洋鱼类（鲇鱼的肉同样呈白色至浅粉色，同样呈瓣状，只是某些部位的肉质更硬一些）。在挑选鲇鱼时，新鲜是最重要的。与其他淡水鱼一样，鲇鱼很快就会变质，必须一直放在冰上保存。如果鲇鱼有酸臭气味、肉质松软或颜色过红，就说明它已经变质了，这时您应该掉头就走或打电话给有关部门。在本章节的食谱中，几内亚和尼日利亚的熏鲇鱼通常是腌制后压扁出售的，可能需要泡发后食用。

营养成分表

新鲜的菲律宾鲇鱼，一整条

项目	每 100 克
能量	106 千卡
蛋白质	16.8 克
钙	58.7 毫克
铁	0.8 毫克
锌	0.7 毫克
碘	22 微克
硒	32 微克
维生素 A（视黄醇）	44 微克
维生素 D_3	[1] 微克
维生素 B_{12}	4.8 微克
ω-3 多不饱和脂肪酸	0.35 克
EPA	0.08 克
DHA	0.06 克

[] 表示数据质量较低。

你是鲤鱼吗？

不是，但我知道你为什么会这么问。我们都是体型庞大的底栖淡水鱼，虽然也有少量生活在海水或咸水里的代表。鲤鱼有鳞，我没有，我有触须。

真的是你吗？英文单词中的"鲇鱼"（catfish）也指在网上冒充他人的人。

我不大上网。但我觉得你不应该仅仅因为我在跟你说话就妄加猜测——虽然有人说我相当聪明。现在人类已经发现，我们鱼类可以将信息保留多年，尤其是我们鲇鱼，可以长时间记住人类的声音和事物的颜色。

是的，我相信你在感官方面也很先进吧？

我的味觉肯定比你更敏锐。人类大约有1万个味蕾，我们的数量是你们的好几倍，个头大的可能有15倍之多。

我突然在想，我们之间的角色是不是该颠倒过来？换句话说，是不是应该你们吃我们？

这不是我说了算的。但没错，我们生活在有众多可能的世界里。我发现自己确实在思考如果事情颠倒过来，生活会变成什么样。不过，你还是应该小心一些。在湄公河里，你几乎把我吃光了。站在食物链的顶端并不意味着你就可以高枕无忧，你懂的。

鱼类访谈

鲇鱼

阿富汗鱼

TARZ TAHIA MAHI AFGHANI, طرز تهیه ماهی افغانی
DA AFGHANI MAHI PAKHLI TARKIB, افغانی د ماهی پخلی ترکیب

阿富汗遗留下来的动乱和2021年爆发的内战加上洪水造成了当地严重的粮食危机。在撰写本报告时，据粮农组织预测，该国近一半的人口正面临严重饥饿。五分之四的高危人群生活在农村，而资源较丰富的城市则维持着一定程度的经济生活，包括热闹的鱼市（machli bazaar）。在这里，刮鳞器飞快地处理着鲜鱼（大多是从巴基斯坦进口的），厨师们把鱼切碎，扔进冒着热气的大锅里。

本文介绍的食谱描绘的是更富裕、更都市化的阿富汗特色鱼类美食。虽然杂货店通常会储备食谱中的大部分食材，但还是需要花点心思才能买全。木炭通常以烧烤袋的形式出售，但在某些地方，这些烧烤袋可能不是一年四季都能买到的。如果是这种情况，那就把这道菜留到夏天吃吧，您可能不想错过它诱人的烟熏味。

准备**4人份**的美食，你需要：

2勺香菜粉

鱼排, 鲇鱼或其他白鱼,切成5厘米的鱼块

10粒腰果

1罐番茄酱

2个中等大小的洋葱,切成四瓣

8 瓣大蒜

2勺鲜奶油

1勺酸奶

1块生姜
约2.5厘米长,切片

一些新鲜的胡卢巴叶或半勺干胡卢巴叶更多新鲜生姜和1小束香菜, 用于点缀
4块烧烤木炭

2勺半酥油
(澄清黄油)

2勺红辣椒粉

1泼醋

4根丁香

1颗柠檬挤成汁

步骤

❶将鱼块放入碗中，加入盐和柠檬汁，腌制10～15分钟。

❷将洋葱、大蒜、生姜和腰果放入搅拌机中打碎，加入适量的水搅打成糊状。

❸将糊状物倒出备用。取炒锅或不粘锅，加热酥油。倒入混合好的糊状物，翻炒3～4分钟或炒出香味为止。

❹加入番茄酱，用中火煮8～10分钟。加入辣椒粉和香菜粉，加入盐调味，将混合物煮沸。

❺放入鱼块，根据鱼块的厚度，再煮5分钟或更长时间。加入新鲜胡卢巴叶或干胡卢巴叶和鲜奶油。搅拌均匀，然后关火。

❻另取一个不锈钢碗，盛上木炭，然后将碗放入锅内，确保不要与食物混在一起。将丁香放在木炭上。在一个小奶锅中加热剩余的酥油，然后将其倒在丁香和木炭上。盖上整个锅，让烟熏3～4分钟。

❼从锅中取出炭盆，再配上生姜和新鲜香菜，您的阿富汗鱼就可以上桌了。

烟熏鲇鱼炖菜

POISSON CHAT FUMÉ EN SAUCE/ KONKOÉ TOURÉ GBÉL

熏鲇鱼在几内亚很受欢迎。据说该国已故总统兰萨纳·孔戴出差时都会随身带着熏鲇鱼。身在异国他乡的几内亚侨民也经常收到从家乡寄来的熏鲇鱼。与全球常见的大多数鲇鱼不同，这里使用的是非洲鲇（*Arius africanus*），在法语中被称为"mâchoiron"或"大嘴巴的家伙"，在当地苏苏语中被称为"konkoé"。Touré gbél 指的是配鱼的酱汁，其流动性与汤汁相似。酱汁的颜色和热度来自红棕榈油，在非裔巴西人的菜肴中也有红棕榈油。

在几内亚，这道菜会比较辣，可以根据自己的口味多放或少放辣椒。菜谱中需要

要木薯，但如果很难买到或准备起来太麻烦，可以用红薯或山药代替。

36

准备**4**人份
的美食，
你需要:

4根胡萝卜,
切片

1条熏鲇鱼
(或600克左右的
其他熏鱼)

250毫升红棕榈
油 (或植物油)

3个番茄,
切碎

2个土豆,
切丁

1瓣大蒜,
切碎

2个木薯, 切丁

2个中等大
小的茄子,
去皮

2个洋葱,
切碎

1小捆韭菜, 切碎
盐、胡椒和适量
辣椒

5片罗勒叶

步骤

1 在温水中将鱼洗净、泡发，然后切成能一口吃下去的大小（或稍大一点）。在平底锅中将油加热，放入茄子，四面煎熟。将火调小一点，继续烹煮茄子。

2 将洋葱、大蒜、番茄和罗勒叶放入研钵中研磨或搅拌机中搅打，根据需要加入盐、胡椒和辣椒。待茄子变软后从锅中取出，注意不要烫伤自己。

将茄子放入研钵或搅拌机中与其他食材搅拌均匀。

3 将包括茄了在内的混合物放回平底锅中，加入适量的水使其成为质地较稀的酱汁，小火煮沸。然后将鱼和其余蔬菜一起放入锅中，再次煮沸后小火慢炖10分钟左右，直至食材熟透。

4 给炖菜调味，然后浇在白米饭上食用。

香蕉叶蒸茵莱鱼

AAINNLAYY NGARRHTAMAINNNAA,

အင်းလေးငါးထမင်းနယ်

东南亚是湄公河巨型鲇鱼的故乡，这是一种在野外极度濒危的物种。引用《美国科学家》2004年的一篇报道，这种鱼长达3米，"生长速度像公牛一样快，样子看起来有点像冰箱"。虽然政府的保护不足以杜绝偷猎行为，但在过去几年中，特别是在越南，政府已经加大力度限制非法、不报告和不管制的捕捞活动。越南是世界水产养殖大国之一，美国大部分鲇鱼都来自越南。

养殖的巴沙鱼（*Pangasius bocourti*）通常以"pangasius"的名称出售，在东南亚各地有多种食用方法。菲律宾鲇鱼（*Clarias batrachus*）也是如此。在泰国，著名的烹饪师和作家孔普恩（Srisamorn Kongpun）在制作辣炒鲇鱼（pad prik khing pla-dook foo）时，会先将鱼切成片放入热油中，然后在锅中按压鱼片使其更薄，将薄片双面煎至金黄，这种方法可确保鱼肉内外酥脆。本节中介绍的食谱来自缅甸，使用的鲇鱼产自有丰富特有物种的茵莱湖，鲇鱼同香茅、香菜和生姜混合后一同被蒸熟。

准备**2人份**的美食，你需要：

330克鲇鱼
（或其他白鱼的鱼排）

10个中等大小的洋葱

4瓣大蒜

2根香茅

5厘米长的生姜

1把香菜

1勺大米
盐适量

步骤

❶在干燥的平底锅中轻微烘烤大米，确保不要烧焦，然后将其磨成粗粉。

❷将鱼排切成条状。分别将大蒜和生姜捣碎，葱、香菜和香茅切碎（如果香茅太硬，则丢掉外皮），然后加入研磨过的大米，搅拌均匀。

❸将鱼肉放进去拌匀，然后分成两份，分别放在香蕉叶或羊皮纸上。将每张香蕉叶或羊皮纸的四角拉起，形成一个包裹，然后用扦子穿透顶部，将包裹封口。

❹将鱼包蒸15分钟左右。出锅后将其淋在米饭上或单独作为热沙拉食用。

鲇鱼埃古斯汤

除非您是在当地烹饪这道美味佳肴，否则您可能需要去专业的杂货店或在网上购买这道菜里的大部分食材。其中一些配料：熏鱼、红棕榈油和发酵刺槐豆等属于西非烹饪的范畴，而其他配料则更具尼日利亚特色。这种豆子被称为"dadawa"（或约鲁巴语中的"iru"），是一种类似味噌、马麦酱或维吉麦酱的发酵增味剂，同时也让人联想到虾酱。磨碎的小龙虾是当地的另一种调味品，能进一步突出鲜味。带凹槽纹的南瓜叶（ugu）除了有令人愉悦的绿色和苦涩的口感之外，还富含维生素C和铁元素。最后，与这道菜同名的埃古斯（egusi）指的是一种坚果味的瓜子或葫芦籽，作为富含蛋白质的增稠剂。

传统的埃古斯汤一般是搭配山药或木薯粉做成的面食食用，但搭配大米也可以。或者，您也可以忽略地理上的准确性，就着大块的硬皮法棍享用埃古斯汤。

准备**4人份**的美食，你需要：

200毫升红棕榈油

300克熏鲇鱼

1勺刺槐豆

1个汤冻

1把南瓜叶，切碎

300克磨碎的埃古斯（瓜子）

1个哈瓦那辣椒或其他品种的辣椒，去籽

(只用一部分，如不吃辣也可不放)

2个中等大小的洋葱，切碎

小龙虾
1个彩椒
盐和胡椒适量

步骤

❶ 将彩椒、哈瓦那辣椒与一半切碎的洋葱放入搅拌机中，加入少量水搅拌均匀备用。

❷ 将另外一半切碎的洋葱与埃古斯和小龙虾混合，备用。

❸ 在平底锅中倒入棕榈油，加热后煎炸剩余的洋葱碎，直至呈半透明状。加入刺槐豆再炒1分钟，然后倒入第1步准备的彩椒和洋葱混合物，煮至混合物形成松散的糊状。

❹ 在锅中加入埃古斯、小龙虾和洋葱混合物，加少量水，加入汤冻并加热至溶解。

❺ 最后，加入切碎的南瓜叶和熏鲇鱼。煮15～20分钟，根据口味调味，必要时加水。当黏稠度达到炖汤或浓汤的程度时，就可以出锅了。

咖喱煎鲇鱼

津巴布韦的鱼类消费量很低，畜牧业是这里自给自足农业的基础，经济作物则以烟草等为主。但这里的水产养殖业潜力巨大：赞比西河水系（包括世界上第二大的人工水库卡里巴湖）鱼类资源丰富，非常适合发展水产养殖。粮农组织的努力主要是为了提升津巴布韦罗非鱼产业的发展水平，因为从营养和商业角度来看，罗非鱼是最有前途的。与此同时，当地的鲇鱼品种，尤其是长丝异鳃鲇（*Heterobranchus longifilis*）和尖齿鲇（*Clarias gariepinus*）体形硕大，肉质鲜美，深受欢迎。这些鱼的一个养殖杂交品种"Hetero-clarias"也越来越受欢迎。在其他地方，您可以使用任何您喜欢的鲇鱼来制作这道简单的美食，如巴沙鱼或鲮鱼。本菜单中列出的用量只是一个建议，这是一道美味但主要依靠经验的菜肴，并没有硬性的标准。

准备**4人份**的美食，你需要：

3个大番茄（或4个小番茄），切碎

1千克左右的鱼，清洗干净

3瓣大蒜用于腌制，另外2瓣用于翻炒

2个小洋葱，切碎

1大勺咖喱粉

面粉（可选）
煎炸用油
盐和胡椒粉

步骤

❶ 将3瓣大蒜捣碎，与盐和胡椒粉混合，涂抹在鱼身上，包括内部。将鱼放入平底锅中煎至两面焦黄（如果需要，可在煎之前撒上面粉，使鱼皮更酥脆），然后放在一边备用。

❷ 可在平底锅中加入更多的油，用锅铲铲去粘在锅上的鱼肉碎屑，将洋葱和剩余的2瓣大蒜炒至变软，然后加入番茄和咖喱粉，将食材煮至软烂。根据需要加入调味料，直至味道尝起来是甜辣的。如果番茄太酸，可加入少许糖。

❸ 将煎好的鱼放入锅中，用小火轻轻炖煮，直到鱼肉热透。食用时可配米饭或土豆，也可以加一些新鲜或腌制的菠菜，以缓解油腻感。

鳕鱼

大西洋鳕鱼

鳕鱼肉是片状的，像初雪一样的洁白，这反映出它缺乏肌肉。它与蓝鳍金枪鱼（另一种受欢迎的鱼类）这种紫色、充满力量的生物截然相反。鳕鱼在某些方面很顽强，寿命长达20年左右，对疾病有抵抗力，而且皮特别厚。但是，鳕鱼一上钩，就会变得无力，这一特征从没给它带来任何好处。鳕鱼是生活在寒冷水域的鱼，但也会到（稍微）温暖的海岸产卵，但实际上这是在自投罗网。某些地区鳕鱼濒临灭绝，并不是几个世纪以来渔民们人工捕捞鳕鱼造成的，而是在近几十年的时间里，人类出于贪婪，摒弃了保护海洋的底线，以工业化的方式掠夺海洋资源造成的。

"鳕鱼"一般指大西洋鳕鱼（*Gadus morhua*），但也有太平洋鳕鱼，其他一些具有商业价值的鳕鱼——无须鳕、黑线鳕和青鳕也属于鳕科，这些鱼类被视为鳕鱼的替代品，但它们的名气无法和鳕鱼相提并论。

1997年，美国记者马克·科兰斯基撰写了《鳕鱼：改变世界的鱼类传记》（以下简称《鳕鱼》），目前看这本书的主题似乎即将退出历史舞台。书中认为鳕鱼是部分欧洲人去北美洲定居的关键因素。书中写道，1000年前，巴斯克人和维京人首先捕捞鳕鱼，随后葡萄牙人、法国人和英国人也开始捕捞鳕鱼，鳕鱼既为人类提供了食物保障，又带来了丰厚利润，也刺激了人类进行探索，开辟了通往纽芬兰和新英格兰的贸易路线；它在西非被用来交换奴隶，反过来又养育了在加勒比种植园劳动的奴隶；鳕鱼推动了人们对盐的需求，在冷藏技术诞生前，盐是保存鳕鱼的必需品；它引发了17世纪到20世纪的贸易战；书中还暗示鳕鱼最终与美国《独立宣言》的发表密不可分。

与其他商品（茶叶、郁金香等）的专著一样，《鳕鱼》的关注点单一，容易被认为是夸大其词。但这本书仍具有较高的文献价值和社会价值。尤其是在社

44

会价值上：在"地球资源有限"还不是社会共识时，《鳕鱼》作为一本畅销书，就已经开始推动社会意识的觉醒。到了千禧年的时候，超级拖网渔船的发明进一步促进了拥有传奇历史的鳕鱼的捕捞，消费者们也知道这一点。

事实上，在政治层面，人们已经开始采取行动防止鳕鱼的灭绝。20世纪80年代，冰岛和挪威都设定了严格的捕捞配额（几十年来，为了争夺鳕鱼资源所在的水域，冰岛和英国之间的小规模冲突一直不断）。到了20世纪90年代初，加拿大近岸和近海鳕鱼数量锐减，迫使联邦政府颁布休渔令，导致该国发生历史上最大规模的工业停产。20世纪90年代末，加拿大鳕鱼被列为"特别关注"名单。

一代人之后，东北大西洋渔场的鳕鱼种群数量出现反弹，但在加拿大的纽芬兰-拉布拉多省的大浅滩周围、新斯科舍省及美国的新英格兰，种群数量几乎没有出现反弹（或反弹幅度很小）。在这些地区，气候变化似乎加剧了过度捕捞带来的后果，并对食物链造成不可逆转的改变。鳕鱼曾经是顶级捕食者，它们以前的猎物——主要是螃蟹和其他甲壳类动物——现在已经大量繁殖，充当了捕食者的角色。这意味着这些水域的经济效益再次提高：迁徙到北方的龙虾，可能从未像现在这样在美国缅因州附近大量繁殖。但是，西北大西洋渔场的生物多样性却遭到重创，加拿大的海洋捕捞文化已基本消失殆尽。

更好地管理，仍保持野生

如今，在巴伦支海冰冷的海水中，大西洋鳕鱼处于最可持续的状态。在这里，挪威和俄罗斯通过建立联合渔业委员会，管理种群，设定配额，并确保大致稳定的种群数量。20世纪90年代初，双方加强了数据交换和合规检查。然而，在撰写本书时，俄罗斯与西方各国的关系紧张：有迹象表明，政治制裁正在导致全球海鲜贸易发生变化。北极地区的政治合作正在破裂，挪威和俄罗斯的鳕鱼联合配额状况尚不明朗。在2021年，配额减少了五分之一。

这意味着七国集团国家可能会中断进口俄罗斯鳕鱼（俄罗斯还生产太平洋鳕鱼，并对其进行单独管理）。除了对俄制裁外，从环境角度来看，如果给挪威或俄罗斯鳕鱼贴上准确的标签，是可以放心食用的。经过几十年的良好管理，冰岛鳕鱼也可以。

因对鳕鱼濒临灭绝的担忧，鳕鱼养殖业正逐步发展起来，尤其是挪威已经取得了初步成功。但野生鳕鱼种群数量的复苏在很大程度上削弱了鳕鱼养殖业发展的动力。在商业上，养殖鳕鱼仍然是一个边缘性话题。

了解你的鱼

当"零浪费"对大多数人来说是一种经济必需品（而不是富裕国家的公民为了气候而需要被劝说的事情）时，鳕鱼身上的每一点都应该被利用起来。鳕鱼肉非常瘦，富含蛋白质。大多数消费者只能吃到鳕鱼片，但被称为"鳕鱼舌"的部位即鳕鱼下巴下方的喉咙部分，在某些地区长期以来被视为美味佳肴。我们中的一些人可能还记得小时候吃过鱼肝油。在冰岛、西班牙和葡萄牙，人们可以看到罐装和烟熏的鳕鱼鱼肝、鱼子。在过去的几个世纪里，鳕鱼骨被用作天然肥料。结实的鳕鱼皮被加工成皮革，但鳕鱼皮吃起来也很美味，会有一种奇妙的糯感（记住烹饪鱼片时要在鱼皮上划两刀，否则会因为失去胶原蛋白而导致鱼肉卷曲和收缩）。

如何找到鳕鱼可能取决于您在哪里购买。北欧和"盎格鲁—撒克逊"市场侧重售卖新鲜鳕鱼，是传统的英国炸鱼薯条的原料（尽管无须鳕、黑线鳕甚至黑鲈鱼已成为受欢迎的原料替代品）。地中海和加勒比市场更喜爱盐鳕鱼。第三种选择是淡鳕鱼干，与挪威的联系最为密切：这是一种不单独加盐的风干鳕鱼。需要注意的是，盐腌鳕鱼（baccalà, bacalao 或 bacalhau）食用前必须长时间浸泡，以重新水化并释放大部分钠。由于泡水后鳕鱼肉仍会保留很多钠，因此无需再加盐。将鱼洗干净，用镊子去除所有鱼刺即可。

无论您用哪种方式烹制鳕鱼，它都能与乳制品、动物脂肪或植物脂肪及地中海香草完美融合。在意大利威内托大区，奶油盐腌鳕鱼（baccalà mantecato）是用牛奶、黑胡椒和月桂叶同浸泡过的盐腌鳕鱼一起炖煮，然后慢慢加入橄榄油，将混合物捣碎并制成糊状（几个世纪以来，鳕鱼一直是欧洲人餐桌上的美食，为了适应商业潮流，这道菜一般使用挪威的鳕鱼，通常与玉米糊一起食用）。

在法国普罗旺斯，奶油鳕鱼酪（Brandade de Morue）是将鳕鱼与奶油、大蒜、百里香和丁香在小火上加热，并加入橄榄油和煮熟的土豆以制成的菜肴。这类菜是家庭自制的心灵药膏：让厚厚的鳕鱼酪来安抚您的心灵。

营养成分表

新鲜的大西洋野生鳕鱼（东北大西洋）

项目	每100克
能量	80 千卡
蛋白质	18.5 克
钙	9 毫克
铁	0.2 毫克
锌	0.4 毫克
碘	260 微克
硒	29 微克
维生素 A（视黄醇）	2 微克
维生素 D$_3$	2 微克
维生素 B$_{12}$	1.1 微克
ω-3 多不饱和脂肪酸	0.22 克
EPA	0.06 克
DHA	0.16 克

你好，我认为你改变了西方历史的进程。

我并不想拒绝这一荣誉，但这是对重要事件的选择性解读。让我们这样说吧：我在北欧人和西欧人探索北大西洋、在最初的移民社区经济建设中发挥了作用。因此，在某种程度上，我确实参与了塑造部分北美地区社会形象的工作。

你的回答相当正式得体，而且你也不像我接触过的小鱼那样自负。你认为这种谦虚让你变得软弱了吗？

的确，我行动缓慢，一旦被抓住的时候就会变得软弱无力。另一方面，我是肉食动物，甚至会同类相食，我有时也吃鳕鱼。而且，我没有天敌，这可能就是为什么我从没有真正形成强大的生存本能。但事实上，这并不完全正确，我确实有一个天敌。

我知道，我知道……我们以为你会永远存在，我们错了，我们现在明白了，希望你注意到了。

是的，在过去的几十年里，情况有所改善，我要是不承认就太没礼貌了，你们终于意识到了。我自己也不太清楚，因为我住的地方很黑暗，纬度较高的地区的冬天，连天空都是阴沉沉的。这时没什么可做的，嗯，除了显而易见的：一到春天，我就产下多达5亿枚鱼卵。

鱼类访谈

鳕鱼

圣诞鳕鱼

JULETORSK

挪威是A级的渔业和水产养殖大国。2021年，挪威出口了近140亿美元的鱼类和海产品——总量位居世界第二，但人均出口超过2500美元，创下世界纪录。一方面，这与该国总体富裕、经济发达和良好的环境管理有关，另一方面这也是受自然和人文地理影响所形成的历史选择。挪威是世界上海岸线最长的国家之一，地形崎岖多山，几乎没有农业用地，人口稀少，几个世纪以来，航海与挪威人的生活密不可分。

因此，挪威人世世代代都在捕捞鳕鱼——早在他们认为自己是挪威人之前。特别是在挪威北部，鳕鱼是平安夜的主食——对于那些吃鱼不吃肉的人来说，这两种传统是共存的。我们的食谱是从挪威海产品理事会（挪威贸易、工业和渔业部下属的公共机构，总部设在北部城市特罗姆斯郡）拿来的，它融合了一定的北极风情与挪威圣诞节的家庭生活文化。

酱汁与烤鳕鱼的香料相得益彰，让这道菜沉浸在关于热红酒的回忆中——酱汁可以选择酒体清淡的红酒。如果您不喝酒，可以选择不放酱汁（不过最后几乎所有酒精都会被煮沸蒸发）。

准备**4人份**
的美食，
你需要：

准备
红酒酱汁

准备
蔬菜

4片新鲜鳕鱼排
（每片约150克），
带皮

1个八角

2瓣大蒜，
对半切开

1片月桂叶

1.5小勺
碎橘皮

1.5小勺生
姜末

1个丁香

1勺食盐

3粒黑胡椒，碾碎

300克瑞典芜菁
（芜菁甘蓝）
150克胡萝卜
1个柠檬的1/4
50毫升稀奶油
25克黄油
1枝迷迭香

500毫升红酒
100毫升鱼汤
（如果有鱼头或鱼的其他部
分，自行制作；如果没有，可
以使用汤块）
1勺黄油
1/2个葱，切碎
1小勺香葱，切碎
1小勺百里香，切碎
盐和胡椒

步骤

① 将烤箱预热至150℃。同时，在鳕鱼排的表皮上划几刀，撒上盐，静置10分钟。

② 在一个烤箱专用盘中倒入橄榄油，加入香料和月桂叶、对半切开的大蒜、碾碎的胡椒粒、生姜末和橘皮，将它们均匀地铺在盘子底部。

③ 将鳕鱼片洗净，擦干水，放入烤盘，两面均抹上加入香料的油，烤15分钟左右。烤好后（内部应该是微湿的）轻轻地剥去鱼皮（也可以保留鱼皮，在烤箱中烤脆作为点心）。将鱼片放在烤箱中保温，可以打开烤箱门；也可以放在铺有保鲜膜的盘子里，确保鱼片不会变干。

④ 将鳕鱼片放入烤箱的同时，将胡萝卜和瑞典芜菁一起煮至变软，再加入

迷迭香和柠檬。把蔬菜捞出滤干，胡萝卜和瑞典芜菁分别捣碎，保温。丢掉迷迭香和柠檬。

⑤ 现在（或当蔬菜煮沸时，如果您能同步进行）制作酱汁。在一个小平底锅中，用黄油炒软切碎的香葱，注意不要烧焦。待其变软后，加入葡萄酒和鱼汤，用中低火将其煮到剩一半。

⑥ 过滤酱汁，然后倒回平底锅。加入黄油搅拌，使酱汁变稠、有光泽。

⑦ 上菜时间到。为了让菜肴更具现代感，可为每位用餐者配一盘瑞典芜菁泥，放在一个深盘子里，然后在上面铺一层薄薄的胡萝卜泥，这样就形成双层泥了。在双层泥的周围倒入一些红酒酱汁。最后，把鳕鱼片放在双层泥上。

生蕉腌鱼

圣卢西亚就像一颗泪珠，落在小安的列斯群岛链上。在这个草木繁茂的岛屿上，绝大多数居民是奴隶的后代——官方说英语，但文化和语言却流淌着法国克里奥尔人的元素。19世纪初，殖民时代的圣卢西亚最后一次易主。英国从法国手中夺回该岛后，恢复了因法国大革命而被废除的奴隶制。时至今日，生产糖浆的锅炉在圣卢西亚仍然可见，锈迹斑斑的锅炉是残酷的蔗糖种植园时代的印记。

随着18世纪鳕鱼贸易的蓬勃发展，圣卢西亚和这一地区的其他地方一样，盐鳕鱼是奴隶常见的食物。马克·科兰斯基在他的书中指出，盐通过吸收鱼肉中的水分，使鱼肉重量减少五分之四，从而降低运输成本。虽然加勒比群岛只掌握最便宜的切块和腌制食品，但鳕鱼的高蛋白含量让奴隶们从天一亮就开始下地干活，直到天黑。

19世纪30年代，圣卢西亚的奴隶制最终结束，但吃盐鳕鱼的传统（这里被称为咸鱼）却一直延续下来。"无花果"（fig）可能会误导非加勒比地区的受众，在这里它指的是香蕉，是圣卢西亚的主要作物和出口产品。这道菜是圣卢西亚的国菜。

准备**4人份**的美食，你需要：

4瓣大蒜，简单切碎

600~800克盐鳕鱼

3~4根青香蕉，切片

1/2束香葱

1个洋葱，切成薄片

1/2束欧芹

2~3个腌辣椒，切片

1束百里香

用于油炸的植物油
盐和胡椒粉

步骤

① 将盐鳕鱼煮20分钟，去除盐分并使其重新变得湿润。必要时尝一下并重复这一步骤（或者，您可以把鱼放冰箱里冷水浸泡至少一天）。

② 将鱼沥干水分并放凉。如果需要，用镊子取出鱼骨，去掉鱼皮，用叉子将鱼肉捣碎。

③ 剪掉香蕉顶部和底部，然后纵向切开。把香蕉放在一个深锅里，加水，加一小勺盐，煮开。继续煮15分钟左右，直到香蕉皮变暗，里面变软。当香蕉煮好并且不太烫的时候，去皮并保温（您可以将香蕉放回水中，以确保它们保持柔软）。

④ 在煎锅或炒锅里，放入一些植物油并加热，用中火炒洋葱、大蒜和胡椒。加入捣碎的鱼肉和香草，继续炒。根据口味调味。鱼一般是热透的，甚至有点脆，但这道菜应该保持一定的水分，鱼肉不应太干。

⑤ 上菜时，把煮熟的香蕉切成中等厚度的薄片，放在盘子上，用勺子把鱼片铺在上面。

盐渍肉和干鱼

与其北部岛屿邻国一样，苏里南也曾沦为奴隶殖民地长达两个多世纪——荷兰给这个现代国家留下了官方语言。在这里，盐鳕鱼曾是奴隶的主食，现在是苏里南的一道美食。在这个将非洲—加勒比海地区的影响与南美洲土著社区的影响相融合的国家（更不用说近年来的印度、中国等元素的影响了），木薯（yuca）成为这道菜的元素。"盐渍肉和干鱼"这个词本身就证明了苏里南对文化和语言输入的融合：它是葡萄牙语"bacalhau"的荷兰语版本。

正如圣卢西亚食谱一样，苏里南的做法也需要先把鱼干中的盐煮掉。而地中海国家则不同，在烹饪前，盐鳕鱼通常要在冷水中泡两至三天。

制作木薯薯条时，先将木薯块纵向切开，剥去表皮，然后切成条状。将木薯冲洗干净，煮一锅盐水，将木薯薯条放入锅中煮至变软，但不要煮碎。把水倒掉，在木薯薯条上刷橄榄油，并在220℃的烤箱中烤至金黄，中途翻面（如果是风扇辅助的烤箱，把温度降低一点）。

准备**2人份**的美食，你需要：

300～400克盐鳕鱼

1个大洋葱或2个小洋葱，切碎

2根芹菜茎

2瓣大蒜，切碎

2勺橄榄油

1个辣椒，去籽（取决于口味，或者不去籽），切碎

1勺番茄酱

青柠汁

1个大番茄，切丁

盐和胡椒

步骤

1 将鳕鱼放入清水中煮，去除盐分。根据鱼的腌制程度，您可能需要换水并重新开始，直到水变清为止。

2 将鱼沥干水分，冷却到可以处理时，去掉鱼皮和鱼骨，切成鱼片。

3 在锅中倒入橄榄油并加热，放入洋葱、大蒜和辣椒翻炒，再加入鱼。尝一下味道，必要时可加盐。翻炒几分钟后加入芹菜、番茄丁和番茄酱，继续翻炒。

4 待鱼肉热透后上桌，加一点青柠汁和新鲜胡椒。将其与木薯薯条一起装盘，可以在旁边放一些辣椒或胡椒调味品，还可以加一些切碎的煮鸡蛋。

鳗鱼

欧洲鳗鲡

·······················

几个世纪以来，淡水鳗鱼都是大自然中谜语一般的存在。在古代、中世纪和近代早期，它们堵塞了河流和入海口。不过，没有人知道它们从何而来，也没有人对它们有太多了解，有一种说法认为它们是从泥土中生出来的。即使欧洲人大量吃鳗鱼（英国将鳗鱼做成"鳗鱼冻"，法国用黄油和葡萄酒酱烩鳗鱼），他们仍然对鳗鱼滑溜的身体、它们的来历和去向、它们看似有弹性的寿命感到困惑。年轻的西格蒙德·弗洛伊德在将注意力转向人类心理之前，花了数周时间寻找鳗鱼的睾丸——结果是徒劳的。他在的里雅斯特港口解剖了数百条鳗鱼，"鳗鱼在没有可观察到的卵或性器官的情况下是如何繁殖的？"这一问题困扰着他。

我们现在知道，或者说非常有把握地相信，欧洲鳗鲡是在马尾藻海中诞生的（马尾藻海是大西洋和加勒比海交汇处一片奇特的自成一体的水域）。欧洲鳗鲡的身体在一生中不断变化，经过多年迁徙到大陆上的河流和湖泊，先是幼体，然后变成半透明的"玻璃鳗"，再变成蛇形，外表不透明，最后回到马尾藻海。它们的胃在这一过程中退化，性器官姗姗来迟地绽放，完成产卵之后死去。

美洲鳗鲡也在马尾藻海繁殖。其他物种，如日本鳗鲡，已被证明在太平洋和印度洋的少数地点繁殖（北马里亚纳群岛、汤加或马达加斯加附近）。但是，我们对鳗鱼的生平仍然一无所知。物理学家兼海洋爱好者比尔·弗朗索瓦在他的《沙丁鱼的口才》一书中，讲述了1859年瑞典布兰特维克村一条名叫阿乐的鳗鱼掉进井里的故事，这条鳗鱼一直活到2014年，它的长寿可能与无法反向迁移和产卵有关。人们

谜底解开

认为，它是在井水过热的情况下死亡的。换句话说，阿乐被意外煮死。如果不是这样，它可能会比我们长寿——谁知道呢，也会比我们的后代长寿。

从挪威的奥勒松（Ålesund）渔港到意大利的湖畔小镇安圭拉（Anguillara），欧洲到处都有提到鳗鱼的地名。一位特别博学的粮农组织工作人员一直在研究鱼和家族纹章之间的联系，他指出，安圭拉曾是奥尔西尼家族的领地，许多教皇都属于奥西尼家族，他们的纹章至今仍可见于罗马周围的建筑物上，其显著特征就是鳗鱼。我们的同事还讲述了但丁的《神曲》中一位教皇的命运：由于贪吃鳗鱼和托斯卡纳葡萄酒，这位教皇最终被打入炼狱。

深厚的遗产，减少的存在

如今，你依然可以纵情狂饮托斯卡纳葡萄酒，但暴食鳗鱼可就难上加难了。在过去的几个世纪里（尤其是20世纪末的几十年里），鳗鱼的数量急剧下降，从到达欧洲海岸的数量上就可以看出这一点。鳗鱼的数量仅为历史记录的二十分之一，濒临灭绝。目前还不清楚这种枯竭（放在过去来看是不可思议的，以前有传言说一些捕获的鳗鱼被用来喂猪）是纯粹的过度捕捞造成的，还是气候变化、某种寄生虫或其他未知因素造成的。另外，水坝的增多破坏了欧洲的"河流连续性"，这当然也有害无益。

值得庆幸的是，这种下降趋势即使没有停止，似乎也有所减缓。2009年，欧盟对鳗鱼实施了强有力的保护和出口禁令。不久之后，鳗鱼的数量略有增加，但顽固的黑市问题依然存在，市场上的鳗鱼数量也在减少。在其他地方，一个由海洋科学家组成的地区性组织——东亚鳗鱼协会正在寻求对资源管理政策提建议的通道。在该地区，鳗鱼数量自1980年以来也大幅减少。该协会的创始人、日本的塚本胜巳（Katsumi Tsukamoto）是权威的淡水鳗鱼研究专家：他是第一个在野外采集鳗鲡卵的人，并在此过程中找到了日本人称之为"unagi"的鳗鱼的产卵地。由于日本是世界上最大的鳗鱼消费国，塚本一直在呼吁采取保护措施并降低对鳗鱼需求。

了解你的鱼

在目前全世界的认知水平下，人类从未亲眼见过鳗鱼交配，因此全生命周期养殖鳗鱼是不可能的。欧盟、中国和日本的水产养殖业供应了世界市场上大部分的鳗鱼，但其养殖过程主要是将捕获的鳗鱼幼苗培育出来。在欧洲，鳗鱼苗本身也曾风靡一时：在西班牙，鳗鱼苗仍被认为是高端食材，并被称作"angulas"，每千克的价格高达1000欧元，并且每季第一次捕获的鳗鱼苗是这个价格的五倍。由于人们一致认为鳗鱼苗缺乏真正的风味，可以说餐馆购买鳗鱼苗更多的是为了获取公共关系价值，而不是内在的美食价值。捕食鳗鱼苗无疑会进一步挤压该物种的商业供应，因为削减了其初始数量。

与鳗鱼苗不同，成年鳗鱼口感浓郁，质地细腻，入口滑爽，海洋的活力与河水的甘甜交织在一起，令人心旷神怡。鳗鱼肉质肥美，富含维生素A和维生素B_{12}（100克鳗鱼就能满足每日建议摄入量），适合烧烤或用酱汁烹饪，也可将这两种烹饪方法结合使用。

在日本的蒲烧（kabayaki）方法中，鱼被横向切片、去骨、串起来，然后在开放式烧烤架上和浸泡在酱油、糖和味醂中反复切换。上了釉一般、呈琥珀色的鱼片被铺在米饭上，在更高档的鳗鱼屋（unagiya）里，鱼片被装在华丽的漆盒里。在离粮农组织罗马总部更近的地方，雌鳗（意大利语称为"capitone"）是一道传统的圣诞菜肴食材，烹饪方式多种多样。雌鳗的形状让人联想到基督教传统中的蛇，食用雌鳗象征着正义战胜邪恶。当然，也可能是因为雌性鳗鱼比雄性鳗鱼更长、更粗、更多。

营养成分表

新鲜的鳗鱼，混合鱼种

项目	每100克
能量	184 千卡
蛋白质	18.4 克
钙	20 毫克
铁	0.5 毫克
锌	1.6 毫克
硒	7 微克
维生素 A（视黄醇）	1040 微克
维生素 D_3	23 微克
维生素 B_{12}	3 微克
EPA	0.084 克
DHA	0.063 克

能采访到你很不容易，所以如果你不介意的话，我们就跳过寒暄这一环节了了。你能确认自己出生在马尾藻海吗？

我在采访前已经说得很清楚，有些事情我是不会公开的，这就是其中之一。

那我换一种说法。你是否知道有一种理论，目前几乎已被普遍接受，即，你是在马尾藻海中诞生的？

我知道这是丹麦生物学家约翰内斯·施密特在1920年声称要证明的，而且这已经成为全世界的权威观点。他花了几十年时间在公海上追逐我，我很感激他对我的兴趣。

但你不确认他是对的吗？

我已经说得很清楚，这是私事。如你所知，人们从未在马尾藻海域看到过成年的我，也从未见过我产卵。你可能也知道，最近的研究表明，我的生命其实是从亚速尔群岛开始的。

你指的是一篇部分依赖于对你耳石研究的论文，耳石是你脑袋里的一块小骨头，它应该包含了你的历史……

没错，在施密特之后的一个世纪，一个由华裔美国人、法国人和日本人组成的科学家小组在我的耳石中发现了锰元素，这种元素在大西洋中脊大量存在，但在马尾藻地区却不存在。更进一步说，我并不关心你们人类所需要的科学证据标准。

我看得出，我们在这个问题上得不到什么答案。不过你能不能至少解开另一个谜团：告诉我是什么突然促使你返回海洋的？

我不知道。你能告诉我是什么促使你辞掉工作、花光积蓄买跑车吗？

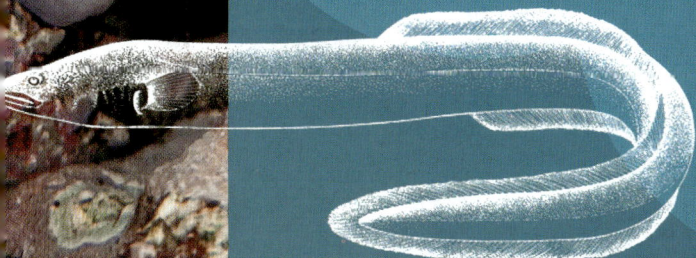

鱼类访谈
鳗鱼

斯特鲁加鳗鱼

JAGULA NA STRUSHKI NACHIN, ЈАГУЛА НА СТРУШКИ НАЧИН

　　位于奥赫里德湖畔的斯特鲁加镇曾被称为恩查隆（Enchalon），在古希腊语中是"鳗鱼"的意思。该镇与鳗鱼的象征性关系依然密切。2010年，雕塑家谢尔盖·钦古洛夫斯基（Sergei Cingulovski）为纪念鳗鱼，创作了一个半浸没的木制装置，沿着湖岸蜿蜒近200米。从20世纪60年代末开始，连接奥赫里德湖和亚得里亚海的德里姆河开始筑坝，切断了鳗鱼进入马尾藻海的最终通道。直到最近几年，人们才开始努力建造鳗鱼通道，恢复它们历史上的洄游路线。

准备**4人份**的美食，你需要：

1条鳗鱼，重1千克，去皮并清洗干净

100毫升番茄酱
（使用意大利瓶装番茄糊或同类型产品）

1～2头大蒜，视大小而定

10毫升醋

10片香叶

盐和胡椒

1束欧芹

步骤

1 将鳗鱼纵向分成两半。每隔5厘米左右，在鱼的一侧切开一道深口。这样做的目的是让鳗鱼保持一体，但增加其展开的长度，就像折纸花环一样，一边连续，一边有流苏。

2 在圆形陶盘的底部铺上香叶，然后将鳗鱼放在香叶上，呈螺旋状摆放，切面朝外，使其覆盖盘子表面。将大蒜去皮并稍稍拍碎，在鳗鱼的每个切口之间插上一瓣。

3 倒入100毫升水。将盘子放入预热好的烤箱，中火烤20分钟，使鱼变软。

4 将盘子从烤箱中取出，去掉浮油。加入切碎的欧芹，倒入醋和番茄酱，用盐和胡椒调味，烤箱温度调到180℃再烤2小时。烤出来的鳗鱼应该半软半黏，呈焦黄色。

飞鱼

白短鳍拟飞鱼

·························

诗人约翰·格雷写道："最后的一条怪鱼也是最后的一只怪鸟，甚至没有一个智者听说过他。"这几乎不可能。首先，飞鱼出现在数千万年前，比任何智者都要早得多。其次，格雷在20世纪20年代写作时，智者已经对飞鱼科40多个物种进行了分类。分类并不会扼杀它们的魅力，其中一个令飞鱼继续发挥魅力的点就是：它们被认为具有双重身份（一半是鱼，一半是鸟），与包括了海妖和半人马在内的神话世界相通。古希腊人认为飞鱼白天在海里活动，晚上在陆地上活动，它们的学名飞鱼科（Exocoetidae）在拉丁化的希腊语中是"在外睡觉的人"的意思。众所周知，飞鱼以撞船而出名：法国的"飞鱼"反舰导弹就是以它们命名的。在扬·马特尔的小说《少年派的奇幻漂流》中，一场天降的飞鱼雨让受困的主人公和他的老虎同伴免于挨饿——顺便提一下，也让前者免于被后者吃掉。

飞鱼绝对是鱼类，而不是鸟类——尽管它们有独特的胸鳍，展开后很像翅膀，能让飞鱼滑行150米甚至更远。不过，这些鱼鳍并不能使鱼在空中长距离飞行，也无法帮助鱼类离开水面。在乘风破浪的过程中，飞鱼可能会躲过水下的捕食者，但会暴露在水面上的捕食者面前——就像被困在两个世界之间，与其说是超强的增压混合动力车，不如说是脆弱的中间人。

撇开鱼鳍不谈，飞鱼的外观和味道都很像沙丁鱼。肉质甜咸可口，油脂适中，富含对心脏和肝脏有益的化合物——磷脂。飞鱼在热带和亚热带地区随处可见，从日本（飞鱼籽在经典寿司卷的顶部）到巴巴多斯（在那里，飞鱼是国家的象征），我们的食谱也来自那里。

了解你的鱼

　　飞鱼的形状很像笔直的香蕉，两端像逐渐变细的管子。它们长约30厘米（有时会近半米），呈银灰色。胸鳍纤细半透明，从鱼头末端开始，贯穿于鱼的全身。眼睛很大，黑色的瞳孔几乎占据整个眼球表面。尾呈不均匀的叉形，尾鳍下叶比上叶长，像是飞行的启动器。

　　您不太可能在寿司店以外的地方遇到飞鱼卵，但您能通过颜色是红橙色而认出它。飞鱼卵尝起来有微微的咸味和鲜甜的海洋风味。除了营养价值高之外，还含有大量的胆固醇，最好不要过量食用。

营养成分表

新鲜的飞鱼，肌肉组织

项目	每100克
能量	96 千卡
蛋白质	21 克
钙	13 毫克
铁	0.5 毫克
锌	0.8 毫克
硒	0 微克
维生素 A（视黄醇）	3 微克
维生素 D$_3$	2 微克
维生素 B$_{12}$	3.3 微克
ω-3 多不饱和脂肪酸	0.2 克
EPA	25 克
DHA	0.15 克

很高兴见到你。当我告诉朋友我在做这个采访时，有些人不知道你在现实生活中真的存在。

我也很高兴。我只能说人们应该多出去走走，就我个人而言，我无法怀疑人类的存在。但很高兴你们觉得我有点像童话角色。

好吧，你知道人类是怎么评价自己的。我们一直想飞，这与我们的心理息息相关。虽然不是凭借身体器官，我们最终还是飞了起来。哦不好意思我跑题了。天空上是什么样子的？

您说得好像我要飞上天空，但我不会飞得那么高。您也知道，从技术上讲，这甚至算不上飞行，我只是在短时间内乘风而上。

20世纪伟大作家之一爱德华·摩根·福斯特说，英国文学是一条飞鱼。你知道他的意思吗？

原谅我不知道这些。

他的意思是，文学表达了隐藏在荒凉世界中的美，就像你对大海那样。

好吧，这太令人高兴了。没错，大海是个充满敌意的地方。若非如此，我就不需要飞行了。尽管大海是家，但也是一个充满危险和威胁的地方。金枪鱼、箭鱼、鱿鱼——它们都在追杀我。所以您看，和您不同，我飞行不是为了享乐。我为生存而飞。

鱼类访谈

飞鱼

库库鱼汤

巴巴多斯放弃了君主制，在2021年成为了世界上最年轻的共和国。而在其他方面，比如对飞鱼的喜爱，则拥有更久远的历史。飞鱼在巴巴多斯——或者更具体地说，在这个国家的护照、钱币和人们的心理中都占重要地位。但是，气候变化和日益频繁的马尾藻入侵，正使飞鱼逐渐远离这个岛国的海岸。其结果是，渔获量越来越少，曾作为贫穷的巴巴多斯人主食的鱼却越来越贵（鲕鱼，在这里被称为琥珀鱼，正成为一种替代品）。粮农组织正在通过其CC4FISH（东加勒比渔业部门适应气候变化）项目，与巴巴多斯政府合作，以减轻海洋变暖对渔民的打击。与此同时，卫星数据和高科技传感器也在推广使用，以便对即将到来的马尾藻发出预警。

库库鱼汤是用玉米粉（有时是面包果）和秋葵做成的混合物。玉米粉可以在加勒比地区的食品店买到预先包装好的。如果没有，可以用许多国家大型超市里售卖的玉米粥。美国粗玉米粉也可以。用飞鱼做的库库鱼汤是最贴近巴巴多斯人心里的食物。一些口味更重的版本会在酱汁中加入酸橙汁、多香果和苏格兰帽椒。

准备**2人份**的美食，你需要：

300克飞鱼或大沙丁鱼或黑线鳕鱼片

1包玉米粉
（或玉米粥或粗玉米粉）

250克秋葵
（新鲜或预先包装好的）

制作
克里奥尔酱

1个洋葱

100克芹菜，切碎

75克甜椒，最好不同颜色，切碎

2勺番茄酱

几枝百里香

1勺红糖
150毫升水
250克黄瓜作为装饰
盐和胡椒

步骤

1 制作炖菜底料。将油倒入大煎锅中，将切碎的洋葱、大蒜、辣椒和百里香炒10分钟左右，直到蔬菜变软变香（如果需要，加入碎多香果和一个苏格兰帽椒）。

2 加入切碎的番茄、番茄酱、糖和水，继续翻炒20分钟。用盐和胡椒调味。根据需要加入更多的水，以稀释酱汁。

3 将鱼片抹上酸橙汁（可选），卷起来，放入酱汁中。继续炖煮，直到鱼变软，酱汁变稠。

4 炖鱼的同时，另外煮沸400毫升水，加一小撮盐。当水冒泡时，倒入玉米粉，搅拌成浓稠的糊状（保持小火，与锅保持距离，否则玉米粉可能会冒出来，严重的话会被烫伤）。加入秋葵，再搅拌1分钟。

5 把玉米粉和秋葵倒入碗里，在上面放鱼和酱汁，然后在摆上磨碎的新鲜黄瓜。

石斑鱼

石斑鱼属，喙鲈属

·····················

　　套用"只闻其声，不见其人"的说法，石斑鱼应该是"只尝其味，不见其鱼"。世界各地的岩礁和珊瑚礁中都有石斑鱼的身影，它的身体看起来就像一个畸形的肿块：头部模糊不清，在侧面隆起的地方，冷酷的眼睛瞪着你。石斑鱼的下颌非常宽大，嘴巴就像一口大锅，三排长矛般的牙齿宛如地狱之门。咽部则排列着更多的牙板。由于石斑鱼喜欢将食物整个吞下，因此它需要确保食物在下咽过程中被很好地碾碎。

　　要想生动、全面地认识石斑鱼，首先你需要了解它的体型。石斑鱼共有160多种，它们的体型大小不一，颜色也不尽相同，从最鲜艳的红色到最暗淡的灰色都有，还有各种条纹和斑点。但石斑鱼基本都是大块头。伊氏石斑鱼（*Epinephelus itajara*）可长达2.5米。博氏喙鲈（*Mycteroperca bonaci*）以2.3米位居第二，它们的栖息地从加勒比海一直延伸到巴西南部。印度—太平洋地区的鞍带石斑鱼（*Epinephelus lanceolatus*）长1.8米。如此种种，从两米多长一直到我们在厨房里更常见到的大小都有。

　　从行为上看，石斑鱼是雌性先熟雌雄同体。它们一开始是雌性，在鱼生中的某个时期会转变成为雄性。这个过程仍然有点神秘，但目前我们知道该转变往往是社群因素诱导的，即当某个区域内雄性代表不足时，雌性就会转变为雄性。也许有人会说，这为追求性别平等设定了新的标准。但话又说回来，雄性石斑鱼会有一群雌性石斑鱼后宫供它支配——这也许与父权制的利己主义有关。

　　如果说石斑鱼以一海里之差没有通过"可爱动物"的测试，那么它们无疑在味道上弥补了这一点——当大自然为你关上一扇门时，也会为你打开一扇窗。石斑鱼的肉质甜美、脂肪含量低，湿润、片状的质地口感带着优雅的海洋气息。或许石斑鱼丑陋的外貌是一种保护性的进化，以掩盖它们鲜美的肉质？如果是这样的话，那它并没有奏效，至少没有对人类奏效。许多石斑鱼品种都被过度捕捞。伊氏石斑鱼处于极度濒危状态，在撰写本报告时，它在美国和加勒比海地区仍受到30年前实施的暂停捕猎令的保护。

了解你的鱼

撇开方法不谈，判断石斑鱼是否可持续捕捞需要综合考虑鱼种和所在区域。例如，墨西哥湾或南大西洋的黑石斑鱼是安全的选择。相比之下，同样水域的华沙石斑鱼（*Hyporthodus nigritus*）则濒临灭绝，因此是更危险的选择。至少目前为止，在美国或加勒比海地区的市场上销售华沙石斑鱼是违法的。得克萨斯大学海洋科学研究所在2020年开展了一项雄心勃勃的研究，对全球所有石斑鱼品种进行重新评估，得出的结论是超过四分之一的石斑鱼在野外受到威胁。

但好在，石斑鱼已经被成功地而且通常是可持续地人工养殖了，养殖户主要集中在东亚和东南亚。由于农历新年前后市场需求激增，石斑鱼的生产往往具有季节性。养殖石斑鱼是一项细致的工作，这些鱼虽然体型巨大且笨拙，但却是一种敏感的动物，对压力的高度敏感增加了鱼苗染病的可能性。除了采取严格的卫生措施外，较先进的孵化场还一直在试验鱼缸的形状和颜色，以降低压力水平。购买石斑鱼时，肉质要结实、有弹性、无异味。如果您购买的是鱼排，鱼排应呈乳白色至柔和的粉红色，边缘没有发褐或变色。我们的石斑鱼食谱来自大西洋两岸的加勒比海和西非：石斑鱼在这两个地区都有很高的知名度和口感指数。

营养成分表

新鲜的石斑鱼，混合品种

项目	每 100 克
能量	92 千卡
蛋白质	19.4 克
钙	27 毫克
铁	0.9 毫克
锌	0.5 毫克
硒	37 微克
维生素 A（视黄醇）	43 微克
维生素 B_{12}	0.6 微克
EPA	0.027 克
DHA	0.22 克

希望你不介意接受远程采访。我以前从没和巨型石斑鱼说过话。老实说，和你面对面让我有点不自在，那些牙齿……

老实说，我很怀疑这么多年来，我们两个谁的威胁更大些。但我想现在在网上见面已经是家常便饭了，所以我愿意忽略这种冒犯。

反正无论如何，你都进不了我家的门。我们继续吧，你的英文名字"grouper"（群体者）似乎不太合适。你不喜欢群居。据我所知，你好像是独居的鱼。

你犯了所谓的民间词源学的错误。我的英文名字与"群体"毫无关系。它来源于葡萄牙语"garoupa"，而"garoupa"本身被认为是南美原词的变形。在采访客人之前，先读读书，这是最基本的礼貌。

我愿意改正，但我也觉得你有点咄咄逼人。

只要你不是甲壳类动物、章鱼甚至小鲨鱼，你就是安全的。

20世纪50年代在佛罗里达群岛发生过一次……

我不知道，我当时还没出生。建议你不要妄下定论。

好吧，感觉我们的开始就是一个错误。所以谢谢你的时间。我还有另外一个约。

对于这种更加不礼貌的行为，我通常会翻白眼——但它们太小了，你不会注意到的。再见。

鱼类访谈

石斑鱼

南安德罗斯炖鱼

巴哈马人口可能只有40万，但其岛屿的跨度使其拥有可以与领土更大的国家相媲美的多样性的美食，以及差不多同等程度的风土人情。从地域上来讲，虽然安德罗斯岛由三个岛屿组成，但它形成了一个完整的领土单位。安德罗斯岛的空间大，居民少，而且非常特别，其生态系统涵盖了世界上最长的珊瑚礁之一。

在这种适合石斑鱼生存的环境中，南安德罗斯炖鱼诞生了。当地人使用我们通常会丢弃的鱼块，制作出这道美味的、有着黏稠汤汁的炖鱼。出于对原产地的精确要求，巴哈马人坚持选用来自埃克苏马岛的洋葱，该岛因盛产葱蒜类蔬菜而闻名。在巴哈马以外的地方是吃不到这种洋葱的，但只要加入新鲜的黑胡椒碎，也许就能品尝到近似的味道。

传统上来讲，这道菜里的鱼是石斑鱼，但也可以用鲷鱼、鲈鱼或鳕鱼代替，只要确保鱼的大小合适即可（鱼排可以留到其他菜谱中使用）。在巴哈马，石斑鱼可以配约翰尼面包（一种甜味的玉米面烤饼，相当于饼干），或者配玉米糁或玉米粉（更快更简单的选择）。

步骤

准备2~3人份的美食，你需要：

1个大洋葱

1.5千克石斑鱼（或其他优质白鱼），切段

2个大青柠

1个去籽辣椒，用于制作微辣的菜肴（或最多不超过5个辣椒），切碎

3条咸猪肉或培根，切成2.5厘米长的小块

2个大土豆，不要含太多淀粉，切成大块

海盐和新鲜压碎的黑胡椒粒

4勺无盐黄油

制作约翰尼面包

800克玉米粉

4个鸡蛋

30毫升植物油

250毫升半脱脂牛奶

60克无盐黄油+30克融化的黄油

90克糖

1勺盐

6勺发酵粉125毫升水

1 在鱼块上挤一个青柠，用海盐涂抹表面，然后在流动的冷水中充分洗净。

2 在一个厚底锅中，用小火加热黄油，放入洋葱、土豆、培根和辣椒，翻炒均匀，使其沾上融化的油脂，但注意不要粘在一起或烧焦。

3 用海盐和胡椒粒调味，然后加入鱼块。倒入适量的水，使其刚好盖过鱼肉的一半，这样可以确保汤汁鲜美。盖上盖子炖12分钟左右，用叉子检查土豆是否软烂。关火前挤入剩余的青柠，适当调味，然后就大功告成了。

制作约翰尼面包

1 将烤箱预热至180°C。

2 将玉米粉和发酵粉筛入搅拌碗中。加入糖和盐，然后加入切成小块的黄油。全部揉匀。

3 加入鸡蛋、油、水和牛奶，将所有材料搅拌成面糊。混合后的面糊应该比烤面包时软一些，但又比烤蛋糕时硬一些，所以要混合均匀。根据需要加水。

4 在烤盘中涂上一层油，倒入面糊，烘烤约半小时。当面糊仍然相当松软时，从烤箱中取出，在面糊上刷上融化的黄油，然后再烤一会儿，直到表面坚硬并呈金黄色。将烤好的约翰尼面包静置几分钟后即可取出食用。

塞内加尔鱼饭

塞内加尔鱼饭（Thieboudienne）有很多种拼写方法，在沃洛夫语中它代表"鱼和米饭"。鱼饭在塞内加尔的地位就像粗麦粉在马格里布国家的地位一样。从表面上看，这道国菜只是蛋白质、蔬菜和淀粉的简单混合，但它的制作步骤繁多，配料丰富，节日气氛浓郁，味道鲜美，让人食指大动。

在塞内加尔的历史上，鱼饭与其北部城市圣路易有关。作为殖民时期的政治和经济中心，这座城市在各方面的优势早已让位于达喀尔，但它仍因其被联合国教科文组织列入名录的建筑和慵懒的海洋气息而备受喜爱。不过，这里的渔民正受到鱼获量减少和海平面上升的威胁。或者是因为鱼类比以前少了，而肉类比以前多了，所以现在经常可以看到用鸡肉或牛肉制作的"鱼饭"。我们的食谱与本书的宗旨一样，坚持原汁原味。鱼的种类没有硬性规定，但应该是白肉的海鱼。

您还需要一把干燥的白木

槿花，可以在网上或西非杂货店购买；一块"guedj"，一种用作调味品的熏咸鱼（也可以用其他味道浓郁的腌鱼，或者几条凤尾鱼来代替）。最后，传统的鱼饭还包括一种发酵海螺，以增加辛辣味，但您也可以省略或替换。事实上，有多少种拼写方法，就有多少种鱼饭，有的以茄子为特色，有的把调味料分成两份，一份比另一份烹制的时间长，以增加风味的层次感。鱼饭制作步骤多，您可根据食材和自己的情况随意简化。

准备6～8人份的美食，你需要：

2条鱼
（石斑鱼或其他鱼类），各约 500 克，去头，清洗干净

1.5千克茉莉香米

2个萝卜、2个胡萝卜、1个中等大小的卷心菜，切成大块

1根木薯，约10厘米，预先浸泡并去皮，切厚片

1把樱桃番茄

1个小南瓜、葫芦、西葫芦或者类似的蔬菜

3个洋葱，3根大葱

3瓣大蒜

1把秋葵

1束干燥的白木槿花（扎好）

1个用于调味的鱼干
（或2～3条腌脆凤尾鱼）

1个发酵海螺
（可选，也可用1勺越南鱼露或1勺味噌酱代替）

1勺或少许辣椒粉

300克双倍浓缩番茄酱

100毫升浸泡过的罗望子肉

1勺罐装腌虾酱（可选）

1束欧芹
2个哈巴内罗辣椒
（或其他辣椒，去籽，切碎）
1勺糖
盐和胡椒粉

步骤

1 首先，制作填充鱼的馅料。在搅拌机中将欧芹与葱、大蒜、辣椒粉、盐和胡椒粉混到一起。调味后塞入鱼腹，将剩余的欧芹混合物抹在鱼肉上，然后将鱼肉连骨切成2.5厘米的小块。

2 在大平底锅中加入少许油煎炸鱼块，必要时可分批进行。鱼肉外表应呈金黄色，但还没有熟透。捞出后沥干多余的油。

3 另外，在一个大炖锅中倒油加热，放入洋葱片、切碎的哈巴内罗辣椒、发酵海螺（鱼露或味噌）和少许盐，边煮边搅拌，煮5分钟，直到洋葱开始焦化。加入浓缩番茄酱，煮10～15分钟，直到番茄酱开始结块。加入少许水，以防煮煳。

4 加入樱桃番茄，继续搅拌5分钟，加入3.5升水并煮沸。调味后加入胡萝卜、萝卜、木薯、卷心菜、一半的鱼干或凤尾鱼、一束木槿花和浸泡过的罗望子肉，小火焖煮15分钟。

5 将鱼块、秋葵和剩下的哈巴内罗辣椒放入锅中，小火煮10分钟，然后将鱼和蔬菜捞到一个大碗中，盖上保鲜膜保温。

6 用电饭煲或在炉灶上将米饭煮至七成熟，加入剩下的一半鱼干或凤尾鱼。当米饭还不太熟，仍有嚼劲时，舀出3～4勺鱼肉酱汁，然后将米饭放入仍有大部分酱汁的炖锅中，将米饭在酱汁中煮熟，这样煮出来的米饭口感浓郁。

7 在奶锅中加热舀出的少量酱汁，放入虾酱，并加入白糖。将米饭盛入盘中，用勺子将加热的酱汁浇在米饭上。在米饭上摆上蔬菜，再把鱼段放在上面即可食用。

鲱鱼

大西洋鲱
·····················

　　即使在20世纪80年代冷战逐渐结束的时候，瑞典南部水域中仍有可疑的类似敌方潜艇活动的水下噪声。虽然苏联入侵并不是什么新鲜事，但这次探测系统没有发现任何船只。15年来，这种神秘的声学现象一直困扰着斯德哥尔摩和莫斯科关系。"这听起来像是有人在煎培根"，1996年被请来研究声音的学者马库斯·沃尔伯格说。他是第一个认出这个声音的人，这不是潜艇的噪声，而是鲱鱼在排气。

　　鲱鱼是油性、冷水海洋生物，在大西洋和太平洋有数十个亚种。与鲨鱼和其他软骨鱼以外的大多数鱼类一样，鲱鱼也有鱼鳔。鱼鳔的功能就像体内有一个气球，通过储存或释放气体，帮助调节生物的浮力。但鲱鱼有一个独特的特点：它们的鱼鳔直接与肛门相连。气体会在压力下排出，如当潜在的捕食者经过鱼群（可能有数百万个）时。但正是简单的鲱鱼排气现象把瑞典国防机构难住了。鲱鱼突然出现在这一区域，然后又突然消失，这种现象引发了自古以来关于奇迹的讨论。有一种理论认为，当鲱鱼群中一个新年龄组群逐渐成熟，并在鲱鱼群中占据主导地位时，它们就会确定旅行的方向。如果这一假设是正确的，那么这群鲱鱼是如何传达这一信息的，目前还不得而知。话又说回来，关于鱼类是如何交流（它们确实在交流）的这一问题都有待进一步研究。

　　鲱鱼成群结队地移动，与凤尾鱼相似。在美食和文化上也是如此。从经济角度看，鲱鱼比凤尾鱼大一些，脂肪更丰富，甚至更重要。鲱鱼是整个北半球上部区域热量的主要来源，

工人阶级的鱼

在17世纪和18世纪被英格兰（后来的英国）和荷兰激烈争夺。鲱鱼与凤尾鱼不同的是，后者在近几十年里已经变得高贵起来，而鲱鱼则一直是平价的鱼。拿法式鲱鱼烩饭（harengs pommes à l'huile）来说，主要成分是鲱鱼排、煮土豆、油和生洋葱。作为向资产阶级的让步，最多加一点欧芹。在德国，民间流传的治疗宿醉的方法是吃醋渍生鲱鱼卷，这种卷是将腌好的鲱鱼肉紧紧卷在醋泡小黄瓜上。在波兰，传统食用鲱鱼的方式是用淡盐腌制，或者加奶油。

这样节俭的做法看起来不常见，但会彰显鲱鱼的特点。鲱鱼本身营养丰富，富含维生素D和脂肪酸。现在的加拿大西部和美国西北部各州，原住民部落用鲱鱼榨油。远在大洋彼岸的瑞典人也是如此，他们燃烧鲱鱼油用于照明，并用鲱鱼油施肥。在餐桌上，由于鲱鱼富含油脂，最好的配菜要么是淀粉类食物，比如土豆，要么是酸性食物。在北欧，配菜可能是番茄、辣根或莳萝芥末酱。酸苹果是另一种很好的搭配，还有雷莫拉酱——一种芥末味的蛋黄酱，里面配切碎的芹菜和小黄瓜。

出于需要的多功能性

很少有鱼能像鲱鱼一样用途广泛：可以烧烤、腌制、浸泡、烟熏等。除了多样化的做法，处理方式还要考虑健康因素。鲱鱼容易感染线虫，这是一种寄生性蛔虫，可导致人类贫血和肠胃疾病。现在人们通过将鱼冷冻到零下45℃来杀死线虫，而在过去，线虫是通过盐水或其他腌制方法或热处理来杀死的。最有名的方法可能是制作鲱鱼罐头，这是一种长达数月的发酵处理方法，在瑞典（又是这儿）得到了完善。但在许多局外人看来，其结果让人联想到腐烂的臭味炸弹。

说来也怪，上层社会食用的鲱鱼（为英国贵族提供的冷熏腌鲱鱼早餐）只需轻微腌制，所以无法从根本上去除蛔虫。或者，谁知道呢，这可能是下意识的想法，将无法预料的东西带进优雅的家庭中——一种贵族式的与令人不适事物进行斗争的方式。

了解你的鱼

鲱鱼是一种漂亮的细长鱼，银色闪闪发光（据说一些传统盐腌方法可使这种鱼在夜间发出磷光）。成鱼体长可达35厘米左右，但通常我们见到的只有一半多一点。

鲱鱼营养丰富，价格低廉。长期以来，鲱鱼被用作捕获更有价值鱼类的诱饵，包括利润丰厚的龙虾。这意味着市场对鲱鱼的需求量很大。2022年1月，美国缅因州的5名渔民和来自新罕布什尔州的1名渔民犯了共谋、邮件欺诈和妨碍司法罪，因为他们未上报超过1000吨的鲱鱼上岸量。据称，这些鱼被直接出售给鱼贩和龙虾船经营者。

虽然鲱鱼不太可能被仿冒（没有人会伪造鲱鱼，最多可能会与沙丁鱼混淆），但不能保证它是合法捕捞的。与其他鱼类一样，最好是从信誉良好、可完全追踪的商店购买。如果您购买的是新鲜的鲱鱼，通常的标准是鱼皮光亮无瑕、鱼鳃整齐、眼睛清澈、无血丝或黏液。在众多鱼类中，脂肪含量高的冷水鱼最先变质，气味也最难闻，因此在购买鲱鱼时，嗅觉警报系统是值得参考的。

营养成分表

大西洋鲱鱼排（野生）

项目	每 100 克
蛋白质	17.9 克
铁	1.1 毫克
锌	0.7 毫克
碘	24 微克
硒	38 微克
维生素 A（视黄醇）	36 微克
维生素 D_3	30 微克
维生素 B_{12}	12 微克
ω-3 多不饱和脂肪酸	1.73 克
EPA	0.548 克
DHA	0.71 克

如果你不介意我问的话，你的名字是怎么来的？

很难说。在斯堪的纳维亚语及芬兰语和俄语中，我的名字都叫"sild"或其变体。这个词源于古斯堪的纳维亚语，但除来源之外，其他的没人能确定。在其他日耳曼语言和大多数欧洲语言中，包括英语，有一种说法认为我的名字来自"heri"，即"军队"（现代德语中的"Heer"），可能因为我们是规模庞大、纪律严明的鱼群。

事实上，你数量很多，这往往使你价格低廉。

的确，在欧洲，他们不认为我是优质的食用鱼，但在其他地方我是受尊敬的。从北欧进口我的埃及人把我作为"fissekh"（一道由熏鱼和发酵鱼组成的节日大餐）的一部分。这是为"Sham el-Nassim"（法老时代的一种春季仪式，人们会参观农场和花园）准备的。此外，美洲原住民努查努尔特人（Nuu-chah-nulth）曾将我与三文鱼相提并论，他们认为三文鱼和我住在并排的水下房子里。

你们住在那里吗？

不。考虑到三文鱼的捕食方式，我对我们能有良好的邻里关系表示怀疑。我很害怕到外面去冒险。

有道理。关于你之前的观点，我知道你在日本也被认为是一种美味？

我的鱼子是的，日本人管我的鱼子叫"kazunoku"，过年的时候吃。它金黄酥脆——日本人把这种口感拟声地称为"kori-kori"。事实上，它看起来就像好看的梨块。如果有机会，不妨试试。

鱼类访谈

鲱鱼

生腌鲱鱼

MAATJESHARING

生腌鲱鱼与荷兰6月中旬的旗帜日（Vlaggetjesdag）密切相关，在斯海弗宁恩（海牙市郊区的海滨），届时会有成千上万的人聚集在鱼摊前。这个节日还带有宗教色彩，但主要是以鲱鱼为主题的狂欢。参与者用最不讲究的方式吃鱼，即把鱼尾举过头顶，然后把鱼放进嘴里，上面点缀着一些生洋葱。

生腌鲱鱼（Maatjesharing）的字面意思是"少女鲱鱼"。这里的鲱鱼必须是幼鱼，在5月底至6月初之间捕获，此时鲱鱼刚刚开始增加脂肪，而在此之前的一个冬天，它们只能吃稀少的浮游生物（这一季捕获的第一条鲱鱼会被拍卖，所得款项捐给慈善机构）。在这一发育阶段，鲱鱼没有鱼白或鱼子，味道也不明显。鲱鱼首先被"阉割"（gibbed）——这是一种中世纪在低地国家完善的去内脏方法。鱼鳃和一些内脏被去掉，但不需要去掉肝脏和胰腺：这些器官会继续释放酶，使味道更加鲜美。"腌制"（sousing）指的是一种介于咸味和甜味之间的温和腌制方法：它可以由盐、醋和糖组成，也可以用苹果酒代替醋，有时甚至可以用茶代替。

我们的食谱是根据旗帜日的食谱改良的，但也可以根据自己的口味调整，如加入酸豆、酸奶油或蛋黄酱。请提前1～2天准备。

准备**2人份**的美食，你需要：

4片嫩鲱鱼排
(如果作为主菜，数量加倍)

1个青苹果
(澳洲青苹果或类似的苹果)

1个白洋葱

制作**腌料**

1小勺糖

100升白葡萄酒或苹果酒或稀释柠檬汁
(也可将三者混合使用；有些食谱建议加少许伏特加酒)

1大把盐

5～6粒碎胡椒

1片月桂叶

步骤

❶ 将所有腌料混合，确保糖溶解。把鱼片放在腌料里，盖上保鲜膜，放入冰箱一晚上或更长时间。

❷ 快上桌时，把鱼从腌料里拿出来。小火煮至腌料减半，然后过滤。

❸ 把洋葱和青苹果切成丁。将鲱鱼片装盘，撒上苹果丁和洋葱丁，再淋上温热的滤过的腌料，与煮熟的土豆和欧芹或细叶芹一起食用。

鲭鱼

大西洋鲭鱼，日本鲭，科利鲭

鲭鱼是约30个鱼种的统称，其中7个被认为是"真正的"鲭鱼，其余为近亲。总的来说，鲭鱼喜欢结伴而行，成群出没，在寒冷的沿岸水域产卵，在北大西洋沿岸和中国东海有大量种群分布。意大利人和俄罗斯人分别称呼鲭鱼为"sgombro"和"skumbriya"，即识别出了鲭鱼拉丁名的科——鲭科（Scombridae）。金枪鱼和鲣鱼也属于这个科。

鲭鱼个头较小，鱼雷状的体型很讨人喜欢。其实鲭鱼的大多数近亲种类也是类似的外形。鲭鱼拥有闪闪发光的、呈银蓝色的皮肤。它们身上有斑点或条纹，根据种类和视角的不同，鲭鱼看起来像是海洋斑马，或者楔形文字。如果说鲭鱼的外表让人赏心悦目，那么它的味道也同样让人喜欢：明显且十足的鱼鲜味。尤其是大西洋鲭鱼，让人联想到海洋中它那强烈的金属光泽。鲭鱼以刺激性的味道著称。在日本（日本人通常用糖腌制鲭鱼，以缓和其刺激味道）的民间传说中，鲭鱼能驱赶天狗，即日本传说中的一种长鼻妖怪。每当有孩子失踪，村民会认为是天狗作祟，就会在森林里大喊称这个孩子已经吃了鲭鱼（saba，日本人对鲭鱼的称呼），这样妖怪就会放了孩子。

油炸美食

与其他中上层鱼类（指那些生长在大陆架上，最深约200米处的鱼类）一样，鲭鱼被广泛用于生产鱼油和鱼粉。但近几十年来，越来越多的鲭鱼被人类直接食用。这是有充分理由的：富含ω-3脂肪酸的鲭鱼被粮农组织列为高营养价值产品。尽管含油量很高，但鲭鱼并不油腻，吃起来口感浓郁绵密。鲭鱼可以冷冻保存，适合各种烹饪方法，煎、烤、炸、熏都可以。可以与酸味食物搭配食用，如青苹果丁或醋甜菜根；也可与溏心蛋一起食用；或者将其水煮后与菠菜叶一起拌入沙拉：叶绿素的苦涩与鲭鱼强烈的刺激味道形成很好的搭配。

令人欣慰的是，鲭鱼在全世界海洋中的数量仍然很多。亚洲和欧洲西北部供应着全球大部分地区的鲭鱼：2020年，中国和挪威并列第一大出口国，其次是日本、荷兰和丹麦。虽然这种鱼的价格仍然很便宜，但它越来越高的受欢迎程度也增加了渔民的收入。例如，在挪威，鲭鱼电商拍卖会自动将订单分配给出价最高者。最后，鲭鱼除了在烹饪、营养和社会方面的优点外，它还有一个省时省力的优点：它没有或者说几乎没有鱼鳞。

了解你的鱼

鲭鱼既便宜又与众不同，不是容易贴错标签或以假乱真的鱼类：几乎没有动机或视觉上的可能来将劣质鱼换成鲭鱼。记得要找那些银蓝色光泽、虎纹或圆点的鱼。

诚然，区分某些鲭鱼的种类可能很棘手：如果鱼是完整的，需要海洋生物学家通过肉眼分辨；如果不是，则需要解剖；在某些情况下，还需要DNA测序。当然您不必为此担心。虽然这里介绍的四种食谱代表了不同的饮食传统（两种亚洲的，两种非洲的），导致需要不同的鲭鱼品种，但这些差异主要与当地可获得的品种有较大关系，而非鲭鱼的内在品质差异。事实上，对大多数食谱来说，任何鲭鱼都可以。并且，如果你喜欢鲭鱼，你就会喜欢各个品种的鲭鱼。鲭鱼很容易变质，因此要注意鱼的新鲜度。如果买的是整条鱼，眼睛要亮圆，就像新铸的硬币，鱼鳃应该是深红色的。不要选择鱼眼上有污垢、鱼身滑腻、鱼皮褪色或暗淡无光的鲭鱼。鱼肉应呈淡粉色，无斑点和血迹。

©Saad Alaiyadhi on Pexels

营养成分表

新鲜的大西洋竹笑鱼，野生，去皮（无显著差异）

项目	每 100 克
能量	123 千卡
蛋白质	18.6 克
钙	30.6 毫克
铁	1.1 毫克
锌	0.4 毫克
碘	29 毫克
硒	53 微克
维生素 A（视黄醇）	4 微克
维生素 D₃	27 微克
维生素 B₁₂	6.8 微克
ω-3 多不饱和脂肪酸	1.22 克
EPA	0.38 克
DHA	0.84 克

这些银蓝色的光真的很适合你。

谢谢。它们出现在我的背上，所以我自己看不到。不过，我能看出来它们回头率很高。

没有鳞片，你不会觉得有点暴露吗？

有一点，但我并不介意露出一些皮肤。

你是一个鲜活的例子，证明一个人既可以很胖，同时也可以很帅。这是对刻板印象的有力回击。

是的，这是非常肯定的。人们现在可以看到我的鱼油之外的东西——全面地欣赏我，这也很好。情况一直在变好。

我的编辑倾向于更具对抗性的采访风格，因此可能会觉得这次谈话相当温和。无论如何，我很高兴你同意代表所有鲭鱼与我交谈。你的家族成员非常多，而且还有一个复杂的问题，那就是你的家族中还有金枪鱼。这关乎着你作为发言鱼的合法性。

我们是一个相当多元化的大家庭，但核心成员非常团结。的确，我们也有一些假亲戚，而且正如你所说，在生物边缘也有一些重叠。金枪鱼实际上是非常专横和有敌意的——他们总是想把我们这些更脆弱的族人吞下去。所以，我不敢说我们的联系很密切。但我听说你也会采访金枪鱼，我相信你会有自己的看法。

鱼类访谈

鲭鱼

腌鲭鱼

SHIME SABA, しめ鯖

2020年，日本的鲭鱼产量约为40万吨，是世界上最大的鲭鱼生产国之一，同时供应亚洲和非洲市场。国内需求也非常强劲，约占产量的三分之一。

在日本这个崇尚食物视觉效果的国家中，柜台出售的生鱼片有时被称为"hikarimono"或"闪亮的东西"。这道优雅而简洁的食谱，不使用生鱼，也不需要加热烹饪；它保留了鱼皮，使其在盘子上呈现出绚丽的色彩。腌鲭鱼通常会作为完整用餐体验的一部分。它既可以作为开胃菜，也可以根据需要调整用量，将其作为单道菜肴。

本食谱中使用的是"大眼"日本鲭，长约30厘米或更长一些。米醋可在许多超市或亚洲食品专卖店买到，您也可以用苹果醋代替，以呈现温和的味道。海带是一种厚厚的绳状海草，作为日本料理基调的咸味肉汤（日式上汤，dashi）的主要原料之一，海带通常是脱水后出售的：在这个阶段，它就像一根皮筋或一块树皮。如果没有海带，可以用其他可食用的海藻代替，或者直接略去。缺少海带会使腌泡汁变得不那么复杂（顺便说一句，维生素K和维生素B_9的含量会降低，这些微量元素对人的血液有好处），您的菜肴也不会受到不可挽回的影响。

准备**2人份**的美食，你需要：

一整条鲭鱼
（选择一条又大又肥的鱼或两片鱼排）

200克糖+
另外3～4勺

200克盐

2片干海带，大小和鱼差不多

不超过400毫升米醋

步骤

1 如果您买的是整条鱼，需要先切片。鱼侧放，将头切掉，用剪刀将鱼尾和背鳍剪掉。用锋利的刀纵向切开鱼身，逐渐将鱼肉与鱼骨整齐地分开。有了第一片鱼排后，将鱼翻过来，在背脊骨上方再切一次，就有了第二片鱼排。扔掉鱼骨。通过把鱼切成长条来去除针状骨（鲭鱼的肉质太脆弱，经不起镊子的反复攻击）。

2 去除并丢掉透明的外皮。抓住鱼排的一角，像剥新手机的塑料膜一样，一下子剥开。

3 将鱼排两面都撒上糖，然后再撒上盐，确保完全覆盖。冷藏30分钟，鱼肉会释放出多余的水分。

4 洗去糖和盐，用厨房纸擦干鱼排。

5 在一个大碗中将剩余的干净的糖同醋和海带混合。待糖融化、海带变软后，将鱼片浸泡在腌汁中，再次放入冰箱冷藏1小时，或直到鲭鱼肉变成淡粉色。

6 把鱼拿出来轻轻拍去腌汁。将鱼片切成中等大小的薄片，厚度以略低于1厘米为宜。蘸酱油和芥末食用，或者蘸盐和柠檬（或葡萄柚）食用。

萝卜炖鲭鱼

GODEUNG-EO JORIM, 고등어조림

鲭鱼是韩国最受欢迎的鱼类。它也是韩国第二大城市釜山的吉祥物。每年十月，这座城市都会为鲭鱼举办令人眼花缭乱的海滩节。

在家里烹饪这道菜时，您可能不会看到烟花，但您的味蕾会沉浸在节日的气氛中。这道菜没有前一道菜的沉稳，它不是通过低调的调味来展示主要食材，而是用色彩和味道将其淹没。这种做法烹制的鲭鱼（Godeung-eo）色泽鲜艳、辛辣刺激、芳香四溢。

本菜谱还使用了少量的海带，不过与日本料理一样，您也可以用其他味道浓郁的海藻代替。如果没有柿子汁，可以用芒果汁，加入少许柠檬来增加涩味。这里提到的萝卜是粗的、白色和淡绿色相间的萝卜（韩国人称之为"mu"），在大多数亚洲食品店都很常见。如果没有，可以用芜菁代替。

准备**2人份**的美食，你需要：

一段5厘米长的鲜姜+1勺切碎的姜

半根萝卜，去皮切片

一整条鲭鱼
(去头去尾)，切成4～6块

2个青葱,切成5厘米的葱段 + 1勺切碎的葱末

1指长的干海带

10～15条凤尾鱼干

1个白洋葱

酱油和芝麻作为佐料

1～2勺切碎的大蒜

1个辣椒,爱吃辣的话可适量增加

1勺料酒，或普通葡萄酒，或稀释的醋

1勺温和的烟熏辣椒粉
(或辣椒片与烟熏辣椒混合)
5片切碎的罗勒叶
柿子汁

步骤

1 用700毫升水煮凤尾鱼干和海带。水煮开后转小火再煮5分钟，制成500毫升的高汤。

2 另取一锅，在锅底铺上萝卜片，倒入适量酱油和高汤，加入切碎的姜、葱段和辣椒，煮沸。

3 开锅后，放入洗净的鲭鱼、白洋葱、切碎的姜、1勺酱油、辣椒粉、柿子汁和料酒，煮10分钟。

4 放入切碎的葱末和罗勒碎，煮30秒钟。

5 关火，盛入碗中，上桌前撒上芝麻作为点缀。

鲭鱼配辣木叶

MAQUEREAU AUX FEUILLES DE MORINGA

布基纳法索地处内陆，粮食安全和营养状况较差，在繁荣程度上远远落后于日本或韩国。饮食主要基于农业主粮作物，牛肉是动物蛋白的主要来源。然而，城市化也推动了人们对鱼类的喜爱，供应鱼类的烧烤店吸引了大量布基纳法索人。

随着水产养殖业在该国干旱地区的适度发展，越来越多的鱼类，尤其是罗非鱼，开始由国内供应。不过，本食谱中使用的鲭鱼还是要从塞内加尔或非洲地区的其他沿海国家冷冻进口，或者像在非洲越来越常见的那样——从日本进口。

辣木（*Moringa oleifeira*）是一种富含维生素A和维生素C、钙和钾的植物。它被誉为营养不良的克星，因此在南亚和非洲大部分地区很受欢迎，越来越多的西方国家也开始食用辣木。在西方，它更多地被作为保健品出售。辣木叶子的味道通常被描述为泥土的味道：从西方人的角度来看，它的味道介于火箭菜（芝麻菜）和菠菜之间。它们通常被磨碎后添加到菜肴中，在这种情况下，抹茶粉会是一个很好的替代品。如果您更喜欢颗粒感更强、加工程度更低的口感（同样，假设没有辣木），则可以使用羽衣甘蓝，或羽衣甘蓝和菠菜的混合物，再加入一些芝麻菜，以增加酸味和苦味。最后加入芝麻菜，让它在菜肴的温热中变软，切记不要煮它，否则会变得难以下咽。

这道菜结合了煎炸和炖煮，并巧妙地使用了两条鱼。一条是整鱼，另一条是鱼片，与其他配料一起炖成浓郁的口感。

准备**2人份**的美食，你需要：

2条鲭鱼

3个洋葱，切碎

4根欧芹，切碎

一大把辣木叶
（替代品见上文）

4个番茄

大蒜适量

盐和胡椒

橄榄油

步骤

1 用橄榄油煎两条鲭鱼。您可能需要一次煎一条鱼，以确保油温。煎后用厨房纸吸去油脂，放在一边。

2 将辣木叶放入盐水中，煮沸后用漏勺捞出，晾凉。在不烫手的情况下，挤干水分，保留叶片。

3 将一条煎过的鲭鱼的鱼肉撕碎，与洋葱、番茄、欧芹和大蒜一起放入平底锅中。加入6勺橄榄油，搅拌均匀后用中火加热。

4 加入煮过的辣木叶，并撒入盐和胡椒调味。

5 将这道菜炖煮半小时左右，直到汤汁浓稠。做好后，将整条鲭鱼和米饭一起装盘，再淋上浓稠的汤汁。

鲭鱼炒炖菜

TIBSI, ጥብሲ

在这道用厄立特里亚国主要语言提格雷亚语命名的辛辣菜肴中，鱼肉取代了更常见的牛肉。炒炖菜（Tibsi）本身是在长期煨制的炖菜（tsebhi）的基础上进行的一种做法更快捷但同样美味的改良，在非洲之角广受欢迎。

厄立特里亚的统计数据偶尔才公布一次，很难获得，因此粮农组织没有关于该国商业水产养殖的报告。厄立特里亚地处红海沿岸（是一个沿海国家），这使该国有充足的水域资源，可获得鲭鱼、金枪鱼、石斑鱼、鲷鱼、沙丁鱼和凤尾鱼等。

在最纯正的版本中，这道菜肴需要香料澄清黄油，方法是将黄油与切碎的洋葱、蒜末、姜黄、罗勒、肉豆蔻、生姜、黑胡椒、胡卢巴、豆蔻、肉桂和丁香一起炒制，然后过滤。结果就像听起来一样令人着迷，并赋予厄立特里亚和埃塞俄比亚菜肴独特的芳香和温暖。欢迎您尝试一下，或者使用普通黄油或植物油作为煎炸底油，在烹饪过程中加入经过精简的香料组合。另一方面，柏柏尔混合香料也是不可或缺的：您可以从专业商店购买，也可以将辣椒、芫荽籽、五香粉、黑胡椒和胡卢巴磨碎后自己制作。

在厄立特里亚，炒炖菜被视为近乎快餐的食物，许多配料都是现成的。但在其他地方，你可能会发现自己需要不止一次地采购和研磨各种调味品，还要摆弄黄油。主食英吉拉面包是一种松软的酸面饼，令人垂涎欲滴，但需要2～3天的时间发酵。下面有制作方法的说明——不过如果时间紧迫，直接购买或用库斯库斯（Couscous，一种北非的蒸粗麦粉食物）代替显然更方便。总之，您可以在制作这道菜肴时采用更简单的方法，但请放心，即使是相似的结果也会令人非常满意。

准备**2**人份的美食，你需要：

1条鲭鱼，重约1斤*
（洗净后切成一口可吃的大块）

1个洋葱，切碎

1个大番茄，切成丁

2勺蒜蓉

香料澄清黄油
（见上文），如果没有，也可使用黄油或植物油

2勺柏柏尔混合香料
（如果买不到，见上文自制方法）

1勺黑胡椒粒、1勺茴香籽和1整个豆蔻
（如果使用香料澄清黄油，则省略）

1撮盐

少许芝麻油

制作英吉拉面包

英吉拉（Injera）是用一种古老谷物磨成的特夫粉制作的。这种面粉不含麸质，富含蛋白质和矿物质，在埃塞俄比亚和厄立特里亚是制作面包时默认使用的面粉，在世界其他地方的耐力运动员中也很受欢迎。在埃塞俄比亚和厄立特里亚以外的地区，您可以在保健品和有机食品商店买到这种面粉。您需要等量的面粉和水，各约4杯，外加一小撮盐。

1 将特夫粉放入带盖的容器中，加入水和盐，搅拌均匀，形成光滑的面糊。

2 将盖子盖在容器上，静置2～3天进行发酵，那时面糊应该已经起泡。加入一杯温水。

3 让混合物在空温下静置约2分钟，应该会有一点起泡。同时，在台面或工作台上铺上干净的布或厨房毛巾。

4 加热不粘锅，倒入一杯面糊，像做煎饼一样快速画圈摊平。

5 约30秒后，表面应开始冒泡。盖上煎锅盖，再煎2分钟，调节温度以防煎煳。将英吉拉从平底锅中轻轻取出，然后重复煎制其余的面糊。英吉拉可以直接食用，也可以放在冰箱里保存几天。

*1斤=500克。——编者注

步骤

1 在平底锅中加热一些香料澄清黄油（或者纯黄油或油），将切碎的洋葱和番茄丁煮至软烂。

2 将切好的鲭鱼放入锅中，必要时加入黄油或油，煎至棕色。

3 转小火，加入柏柏尔混合香料和蒜蓉，继续炖至鱼熟。

4 如果没有使用香料澄清黄油，则将花椒、茴香籽和豆蔻放入干净的锅中加热至散发香味，注意不要烧焦。将这些香料一起放入研钵中研磨，然后倒回锅中搅拌，再炒1分钟。如果使用香料澄清黄油，则跳过这一部分。

5 最后淋上芝麻油，增加光泽。在烹饪过程中，可根据需要添加水、油或黄油。不过，这道菜不能油腻。上菜时可搭配沙拉或水果，以及库斯库斯或英吉拉。

鱰鰍

鬼头刀

....

一个年轻男子，身材修长，一丝不挂。他在走路，皮肤是焦土的颜色，两只手各提着一串鱼。这就是绘制在希腊圣托里尼岛一面墙上的壁画《渔夫》。这幅壁画是从韦斯特家（West House）发现的，韦斯特家是阿克罗蒂里市的一座大型私人住宅，大约37个世纪前被火山爆发掩埋——这可能是引发亚特兰蒂斯传说的事件之一。这个年轻人现在陈列在史前塞拉（圣托里尼的古称）博物馆。

渔夫真的是渔夫吗？也许吧。但他的头被剃光了。头上有两个海洋生物，一个是海螺，一个是乌贼——所有这些表明了一种象征意义，这幅画可能描绘了一种宗教仪式。这位年轻人郑重地将鱼献给神灵，而不是例行公事地从海里捞鱼。

这个鱼就是鱰鰍。我们从鱼身上蓝色和黄色、从鱼皮上的点状花纹、从不锋利的鱼头和鹰嘴状的鱼嘴就可以认出它。我们还能根据长长的背鳍辨认出来，它的背鳍前端呈嵴状，贯穿整个身体，就像一个长长的莫霍克发型。

鱰鰍（mahimahi）的现代名称可能暗示着与夏威夷特有的联系（mahi在夏威夷语中是"强壮"的意思，重复该词可强化其含义）。

事实上，这种鱼大多存在于热带、亚热带和温带地区，但鄂霍次克海也发现过这种鱼。有点令人困惑的是，鲯鳅也被称为海豚鱼：虽然与哺乳动物海豚在生物学上没有任何共同之处，但前额的相似之处还是有的。

鲯鳅遍布全球，美国和加勒比海地区是鲯鳅的主要消费地区，日本紧跟其后。这是一种珍贵的鱼，肉质紧实，味道独特而清淡，让人联想到剑鱼，但又没有油腻的辛辣味。诚然，尽管味道鲜美，但并不令人沉迷，对全球食品安全来说也并非必不可少：可以说，这种健壮而富有魅力的生物与其食用，不如欣赏，或者干脆把它画在别墅的墙壁上。话说回来，即使独自生活在野外，鲯鳅的寿命也不长。不过，在加勒比海的一些海滨社区，比如我们食谱中提到的多米尼加共和国的部分地区，捕捞鲯鳅确实能为当地人提供基本收入。

蓝色、黄色，寿命短

了解你的鱼

鲯鳅几乎总是以鱼片出售，有带皮的也有去皮的。由于厄瓜多尔和秘鲁的大量出口，美国每年最初几个月的鲯鳅供应量最高。这种季节性意味着价格可能会有较大差异。鲯鳅肉质应为淡粉色，偶尔会有清晰的深红色。肉色越深，腥味越浓，因此最好切掉较红的部分。表皮坚硬如皮革，一般在烹饪前将其去掉。

营养成分表

新鲜的鲯鳅鱼排

项目	每 100 克
能量	100 千卡
蛋白质	22.1 克
钙	9 毫克
铁	0.5 毫克
锌	0.4 毫克
维生素 A（视黄醇）	4 微克
维生素 B$_{12}$	0.6 微克

天啊，你长大了。我记得之前你就像我的拇指那么大……

那是很久以前的事了，四个多月前。

（偷偷微笑）你看起来像一只光彩夺目的彩色海豚。

我不太喜欢灰色如海豚一样的颜色。另外，我绝对是一条鱼，而不是哺乳动物。如果我看起来像海豚，那只是巧合。您知道有时苹果看起来像梨。

但苹果和梨都是水果。

好吧，忽略这个比喻。你明白我的意思了吧，无论如何，即使不看颜色，海豚也有长长的嘴……

是的，从技术上讲，这叫喙。

……而不是您看到的，从我头顶开始一直延伸到尾部的长毛鳍。

我一直想问你这个问题，这确实让你看起来像个战士。

这比喻很好，因为我们就是这样。你必须战斗，因为这里像人吃人般竞争残酷。

我想你的意思是，像你这样的大鱼吃小鱼。你一直在打比方。

你到我这个年纪说话还能逻辑清晰吗？

有道理。今晚晚饭时我会和你见面吗？

如果晚餐跟我有关的话就不会了。

鱼类访谈

鲯鳅

萨马纳风味椰子鱼

椰子鱼

．．．．．．．．．．．．．．．．．．．．．．

2018年，多米尼加共和国捕获了近500吨鲯鳅，其中一小部分被运往美国。但这个渔获量带来的收入仍相对较少，仅为70万美元。2021年开始，粮农组织开始与该国南部的渔民合作，改善冷链，开拓新市场，并将手工鲯鳅渔业纳入旅游业。

多米尼加人吃的鱼相对较少，但他们吃鱼时充满热带风情。萨马纳位于多米尼加东北海岸，是一个由野生海滩、热带雨林和椰子种植园组成的郁郁葱葱的半岛。事实上，该地区号称是世界上椰子树最密集的地方，当地的美食似乎也印证了这一说法。萨马纳风味椰子鱼是该地区的招牌菜，这道菜并不复杂，却闪耀着朴实无华的完美光芒，就像在水边享用一顿慵懒的午餐。如果您愿意，还可以加入加勒比海地区的一种调味品——胭脂树果，它能让辣酱既呈现迷人的红色，又有一种辛辣的温暖，如果做不到这一点，就加烟熏辣椒粉。

如果没有鲯鳅，剑鱼、石斑鱼或其他肉质紧实、味道鲜美的白鱼也可以。在品尝鱼类时，可以搭配冰镇啤酒，如果喜欢葡萄酒，也可以搭配白垩的干白葡萄酒。

准备**4人份**的美食，你需要：

4块鲯鳅鱼排或硬白鱼排

1个红洋葱，切丝

1个辣椒，切丝

2个番茄，去皮并切成方块

（如果把它们放在沸水里几分钟，就很容易去皮）

2瓣大蒜，切碎

橄榄油

1小撮牛至

30毫升（2勺）番茄酱

450～500毫升椰奶

（约1罐+1/4罐）

250克面粉

盐和胡椒

烹饪用橄榄油

步骤

① 将鱼片调味并撒上面粉，然后在煎锅中快速用油两面煎好。沥干后放在一边。

② 在另一锅油中，倒入洋葱、辣椒、大蒜、番茄和番茄酱，用中火慢炖，形成香味四溢的底料。

③ 倒入椰奶，转大火烧开，再转小火慢炖，使酱汁减少一半。根据个人需要进行调味。

④ 将酱汁裹在鱼片上，将鱼片的每面用小火煎2～3分钟。与米饭或多米尼加芭蕉泥一起食用。

鲳鱼

乌鲂，银鲳
....

　　鲳鱼（乌鲂科）约有20个品种，还包括一系列相关或重叠的名称。鲳鱼分布在世界各地，最北可到达挪威水域。它们是高度洄游性鱼类，往往喜欢小群体活动。体形扁平，呈浅银色至黑色。从侧面看，鲳鱼的身体是一个近乎完美的椭圆形，至少在某些鱼种中，符合空气动力学原理的鱼鳍可以变成一个近乎完美的菱形。但这种颇具吸引力的几何形状被它的嘴巴破坏了一些美感，因为嘴巴在鱼体前部形成一道深深的裂口，使其呈现出半困惑半嬉戏的表情。

　　虽然鲳鱼分布广泛，但受欢迎程度却因地区不同而大相径庭。在欧洲，尽管在地中海有一定的分布，但这种鱼鲜为人知。在粮农组织的故乡意大利，鲳鱼的供应是不稳定的，餐馆菜单上也没有"栗子鱼"（pesce castagna）。当地的一位鱼类检查员证明了这种鱼的低存在感。他说，即使能买到，鲳鱼的颜色（捕获后往往会变深）也让人望而却步，因此零售价格不高。但检查员补充道："如果有新鲜的鲳鱼，一定要买。这些鱼能让你吃到几块鲜嫩多汁的优质鱼排"。

　　鲳鱼肉质细腻，半软不硬，味道甜美，而且热量低，富含铁和磷，用来烧烤很好吃。虽

一条被无端
忽视的鱼

然鲳鱼对意大利人和其他欧洲人没有吸引力，但这种鱼在南亚、大西洋和太平洋沿岸很受欢迎。好在鲳鱼被列为"最不值得关注"的鱼类，也就是风险最低的鱼类，这掩盖了鲳鱼不均衡的分布的现状——大西洋的鲳鱼品种一般数量较多。相比之下，银鲳在次大陆地区的需求量很大，因此数量越来越少，价格也越来越高。在线期刊和档案文件《印度农村人民档案》生动地记录了孟买附近银鲳的减少及其社会影响：在这里，污染、红树林被伐和过度捕捞使银鲳离海岸越来越远。同时，全球变暖加快了鲳鱼的生物钟，导致其提早成熟，体型缩小。

但我们建议无论如何都要吃一次鲳鱼，不吃太可惜了。但是，如果你有保护环境的意识，不如在世界上忽视鲳鱼的地方多吃鲳鱼，在鲳鱼受欢迎的地方适度食用。

了解你的鱼

市场上售卖的鲳鱼很少超过40厘米（最大能超过60厘米，但很少见），有时可能只有一半大小。因为尺寸较小，鲳鱼通常整条出售，非常适合烧烤。

如果您想用长柄鱼架烧烤鲳鱼，可以先剪去鱼鳍和鱼尾，然后在鱼眼上方垂直地在鱼头切一刀。印度厨师有时会将刀片横向滑动到鱼眼下方和鱼嘴两侧，将鱼头切成两半。或者，使用"咖喱切法"，保留鱼头，只去掉眼球。

做完这一切后，去掉深红色的鱼鳃，然后在鱼的侧面从背部到腹部做一个深深的平行切口，使鲳鱼看起来像一个有孔的小袋：这样就可以把手指伸进去，拉出并丢弃内脏。洗净鱼身，然后在鱼身内外涂上混合了盐、姜丝、蒜末、辣椒、马萨拉盐、柠檬汁和姜黄根粉的酸奶酱，最后将其放在烧烤架上烤。烤出来的鲳鱼应该有诱人的焦香，呈橘红色，带着黑色条纹。

您也可以参考我们的特色食谱，用鱼片烹制出更加湿润、充满葡萄酒香味的海鲜大餐。

营养成分表

新鲜的银鲳鱼，肌肉组织

项目	每 100 克
能量	175 千卡
蛋白质	17.1 克
钙	21 毫克
铁	0.3 毫克
锌	0.5 毫克
硒	0 微克
维生素 A（视黄醇）	90 微克
维生素 D_3	5 微克
维生素 B_{12}	1.4 微克
ω-3 多不饱和脂肪酸	1.23 克
EPA	0.24 克
DHA	0.65 克

你好，我的菱形朋友。

我不确定你想从我这里得到什么。为什么我在这里？

我只是想更了解你。

但是为什么呢？我个子小，也不是特别英俊。欧洲人不太喜欢我，他们甚至说我长得像个栗子。只有当我是副渔获物时，我才会出现在市场上。一条"偶然"得到的鱼可没那么好。

我不认为把你比作栗子有什么贬义，但我认为你应该在世界上被更多人熟知。

你能这么说真是太好了。听说你在写书？给我好好写写。

我在好好写呢。

你提到过镰刀鲳鱼吗？

没有，那是什么？

夏威夷人是这么叫我的。他们喜欢把我夹在墨西哥玉米卷中，或者配上木瓜沙拉。你知道的，他们喜欢用菠萝做菜，所以我也遇到这种情况。

谢谢，我会记下来的。在调查过程中，我还发现了一个以你的名字命名的小镇：康涅狄格州的庞弗雷特（Pomfret）。它非常漂亮。根据最新的美国人口普查，这个地方人口有4266人。

哦，以这种方式载入史册也不错。向那里的读者致以来自海洋的问候！

鱼类访谈

鲳鱼

玛格丽塔酱焖鲳鱼

尽管智利是世界上海岸线最长的国家之一（实际上，智利国土就像一条延伸的海岸线），但智利人却很少吃鱼——远低于世界平均水平，即人均12千克左右，当然也远低于牛肉和其他肉类。智利捕捞的大部分鱼都运往国外，仅三文鱼一项就占智利食品出口的近一半，在所有出口产品中仅次于铜。

尽管三文鱼在智利本国以外的地方很受欢迎，但在国内市场上却与鳕鱼和鲳鱼激烈竞争。而且，可能为了掩饰国内海鲜市场的消费不足，这道菜还加入了很多海产品：除了鲳鱼，还有蛤蜊、贻贝、牡蛎和大虾（部分贝类可以省略，但全都不要会破坏这道菜的层次感。而鲳鱼可以用其他海洋白鱼代替）。玛格丽塔酱汁是智利的特色，它将海鲜汁与面粉、黄油和牛奶混合在一起，实际上就是一种海鲜酱。需要注意的是，在智利，甲壳类动物和双壳类动物通常是去壳预包装出售的，甚至是预先煮熟的。

准备**4人份**的美食，你需要：

4片鲳鱼排

200克贻贝，去壳

200克对虾，去壳去头

100毫升黄油

240毫升牛奶

1个洋葱，从茎到根纵向切片

20克面粉

200克去壳牡蛎
120毫升干白葡萄酒

步骤

1 烤箱预热180℃。将鱼片放入烤盘，倒入葡萄酒覆盖。加入盐和胡椒调味，将切好的洋葱片和大部分黄油块铺在盘子周围。烘烤12 ～ 15分钟。

2 将剩余的黄油放入锅中，加入牛奶和筛过的面粉。用中火加热，搅拌成酱汁状。加入贝类和一点鱼片的汤汁，调味并慢炖2 ～ 3分钟。

3 将鱼从烤盘中取出，放在一个盘子里，倒入酱汁和贝类。

三文鱼

大西洋鲑鱼

··

如果水产养殖业是一个求职者，那么她会在简历中把三文鱼列为主要的职业成就。如果她在150年前拥有今天的经济实力，很可能会充满寓意性地出现在市政建筑的外墙上，怀里抱着一条三文鱼。从数量上看，大西洋鲑鱼（*Salmo salar*）是水产养殖业的最大成就。这是它的证明，也是它的丰收。我们随处可见养殖的三文鱼：鱼馅饼、三明治或面包圈，外卖比萨、意大利面中的三文鱼碎，三文鱼鞑靼、生鱼片或加州卷。

这种粉红色的鱼肉如此诱人，以至于有一种颜色是以它的名字命名的。面对三文鱼这种无处不在的现象，我们可能需要稍微倒退一下，提醒自己它是从哪里来的。它在野外的分布与鳕鱼的分布几乎一模一样——在鳕鱼数量大幅削减之前。从靠近北极的俄罗斯出发，三文鱼渔场沿着西欧的大西洋

养殖业的王者

沿岸到波罗的海，再向冰岛和格陵兰岛延伸，环绕大浅滩和加拿大沿海地区，最后来到美国新英格兰海岸。与鳕鱼完全不同的是，我们还必须加上欧洲和北美的河流系统。三文鱼是溯河洄游鱼类（源自拉丁化希腊语，意为"向上奔跑"）：它们在淡水中孵化，游到海洋生活，然后返回淡水中产卵。随着栖息地的改变，它们的体色也在海相银色和河相迷彩色之间变化。它们会在产卵后死亡，但也并非总是如此。

大西洋鲑鱼有一些亲戚，有些是"真正的"鲑鱼，有些则不是。它们包括太平洋物种，如红鲑鱼（*Oncorhynchus nerka*），其身体（但头部不会）在产卵期间会变成深红色；有些品种的鲑鱼是湖鲑；有些鲑鱼会变成鳟鱼，这是它们的近亲。在广义的鲑科鱼类中，生物界线可以很模糊，但狭义的鲑鱼只有一种，就是我们通常所说的"三文

鱼"，不需要任何修饰词。人们喜欢在野外捕获三文鱼，因为它们以红磷虾为食，肉呈深粉红色，近似橙色。当然更常见的是养殖的三文鱼，肉色较浅，多为大理石花纹。

三文鱼平民化的程度和速度在历史上少有匹敌。全球消费量在一代人的时间里增长了两倍，其中大部分三文鱼来自水产养殖业。据英国广播公司（BBC）报道，2019年，英国居民每天消费100万份三文鱼餐食。英国的野生三文鱼已不再进行商业捕捞。事实上，三文鱼养殖被称为世界上发展最快的食品生产系统。这就好比我们在大自然中看到了某种奢华和令人向往的东西，并将其3D打印出来，让我们尽情享受。在这个过程中，三文鱼被赋予了全新的用途。三十年前，三文鱼生鱼片的概念对大多数日本人来说还很不能接受。人们认为三文鱼过于肥美，容易变质和滋生寄生虫——直到挪威的三文鱼养殖者为了解决生产过剩的问题，将三文鱼刺身作为一种营销策略。挪威拥有最优质的野生三文鱼品种，因此也拥有最好的鱼苗，是世界上最大的三文鱼生产国，其次是智利，这两个国家的产量占世界市场总量的二分之二。

三文鱼养殖业也有其不好的一面，主要包括鱼类在围栏和网箱中的流动性很低；养殖动物偶尔逃跑，理论上会削弱野生种群；水流不足导致三文鱼排泄物集中，进而污染海水。

与其他水产养殖品类的情况一样，这些批评部分是有道理的，部分是没有道理的，部分是过时的。过度拥挤确实存在，让鱼儿像上下班拥挤的乘客一样静止或勉强游动，这种想法与市场逻辑是背道而驰的。三文鱼是一种资本密集型的大众优质产品，养殖户完全愿意以最有效的方式将鱼培育到理想的市场规模，这就需要保持鱼的健康。相反，把笼子装得太满会适得其反，这意味着要花更多的钱购买昂贵的鱼苗，而从更小、更弱的鱼身上获得的利润也更低。

不过，从定义上讲，养殖三文鱼确实比野生三文鱼更加喜静。在北欧的传说中，三文鱼象征着灵动、难以捉摸：恶作剧之神洛基是一位变形大师，据说他把自己变成了三文鱼，以躲避其他神灵的愤怒。如今的养殖三文鱼更肥、更低矮，不过，它们往往更有营养。由于现在给三文鱼吃的是维京时代没有的优化饮食，三文鱼可以获得更丰富的ω-3不饱和脂肪酸（养殖三文鱼喂食的是一种磨碎后压制的食物，由蔬菜粉、鱼粉和鱼油混合而成）。

养殖动物逃跑的情况并非没有发生过。尽管如此，三文鱼的围栏和笼子依旧被放置在海湾、峡湾或湖泊中，那里的外岛可以保护它们免受海洋风暴和冬季大风的侵袭。目前已开发出更能抵御海浪破坏的可沉入水下的笼子。同时，逃生事件的严重性也有待商榷。2022年，智利宪法法庭撤销了对一个岛屿养殖场的巨额罚款，该养殖场60多万条三文鱼在一场狂风暴雨中冲出围栏。法官裁定，在逃逸案件中，没有科学证据证明对环境造成了破坏，而且推定有害影响是违反宪法的。

至于大量排泄物造成的海洋污染，可以通过轮换养殖地点来解决——就像农业一样，让田地休耕，让土壤再生。一种更新、更生态化的选择是完全切断与海洋的联系。陆基三文鱼养殖基于

直面批评

一种再循环水产养殖的闭环技术，这使养殖环境基本可控。目前，大量研究资金已投入其中。2020—2021年，运用再循环水产养殖系统的三文鱼公司在奥斯陆证券交易所引起轰动。但这一技术目前仍有许多问题有待解决，如该系统全过程依赖于恒定、精确校准的氧气和电力供应，然而2021年夏天，丹麦一家养殖场发生事故，鱼的数量几乎损失了五分之一。这让投资者变得越来越谨慎，股价也随之回落。

了解你的鱼

三文鱼可以长到1.5米，这意味着你很少能在鱼贩那里买到整条的三文鱼，更不用说在超市里了。标准的三文鱼产品包括鱼片、新鲜的厚切鱼排及烟熏的预先包装好的薄片。在英国，你会经常见到三文鱼块、黑线鳕和鳕鱼块一起做成的鱼肉馅饼。在西方国家的市场上，装有三文鱼卷、刺身或生鱼片的即食寿司盒也随处可见。

烟熏三文鱼，无论是野生的还是养殖的，都会在包装上注明原产国。熏制所用的木材也可能会被提及——从赤杨木到枫木或杜松木，选择范围不断扩大。盐渍三文鱼（Lox）通常被认为是熏鲑鱼的同义词，但它其实是一种与纽约犹太社区密切相关的独特盐渍食品，所使用的鱼可以是熏制的，也可以不是。

养殖的三文鱼通常呈米黄色。与鳟鱼一样，养殖者会在饲料里添加一种红色色素——虾青素。这是一种安全、经授权的化合物，在野生环境中的鱼类也能通过多种途径获取虾青素，呈现出自然的体色。如果野生动物的体色更深，那是因为它们活动得更多，因此食物转化率更高。

养殖的三文鱼的肉色偏玫瑰色，脂肪含量更高，鱼肉上的条纹往往也更明显，有大量白色斑点的鱼吃起来可能比较油腻，但在任何情况下，养殖三文鱼的味道都不如捕获的那么野味十足。无论是野生三文鱼还是养殖三文鱼，鱼皮下的灰褐色鱼肉都有一种强烈的腥味，许多生产商和零售商会将其与鱼皮一起去除，当然，从健康角度来看，这部分肉完全无害。

说到健康，人类越来越关注抗生素耐药性的问题。世界领先的养鱼场认证机构——水产养殖管理委员会（ASC）对预防性使用抗生素、为促进生长或其他医学上不必要的目的使用抗生素采取强硬立场。挪威通过疫苗接种和超声波等非药物方法来防治海虱（三文鱼身上最具威胁性的寄生虫），已在很大程度上成功地从食物全产业链中消除了抗生素。记录显示，2020年，挪威养殖的三文鱼产量达到100万吨，但开出的处方却不到50个。虽然世界第二大三文鱼生产国智利仍然比较偏爱抗生素，但在那里，抗生素的使用率也在下降。

营养成分录

新鲜的大西洋鲑鱼，野生，去皮（无显著差异）	
项目	每 100 克
能量	177 千卡
蛋白质	20.1 克
钙	15.7 毫克
铁	0.7 毫克
锌	0.6 毫克
碘	21 微克
硒	30 微克
维生素 A（视黄醇）	16 微克
维生素 D_3	14 微克
维生素 B_{12}	5.3 微克
ω-3 多不饱和脂肪酸	2.64 克
EPA	0.55 克
DHA	1.71 克

新鲜的大西洋鲑鱼，养殖，去皮（无显著差异）	
项目	每 100 克
能量	201 千卡
蛋白质	19.9 克
钙	11.8 毫克
铁	0.3 毫克
锌	0.4 毫克
碘	9 微克
硒	21 微克
维生素 A（视黄醇）	9 微克
维生素 D_3	7 微克
维生素 B_{12}	4.1 微克
ω-3 多不饱和脂肪酸	2.59 克
EPA	0.74 克
DHA	1.25 克

嗨，你是野生的还是养殖的？

我真希望这个世界能停止制造这些分歧。你知道……人人平等！

但你不是人，你是鱼！

我知道，这只是一种措辞，我的论点依然成立。

你的意思是，野生的你和养殖的你没有区别？

当然有区别，在某些情况下是有区别的。但我是对广大食客说的。养殖的我们受到了很多指责，面对着很多偏见，而这些往往是毫无道理的。

我明白。如果我们把目光投向分歧之外——在过去的三十多年里，你是如何应对自己在世界各地人气飙升的？这是否对你造成了很大的影响？

听着，虽然我很想扮演一个受到伤害的明星，但这真的太棒了。能被人喜欢，能有新的受众，这真是太好了。我必须承认，几年前我出演生鱼片时有点吃惊，我不确定自己能否胜任，但效果还不错。

你对自己受到的待遇有什么不满吗？

被煮煳。这事儿还是时有发生，非常令人不愉快，把我最坏的一面都激发出来了。

确实。不过在我们的文章里，我们已经就这个问题给出了明确的指示。

你真棒，我就知道你靠得住。

鱼类访谈
三文鱼

柠檬焗三文鱼配蔬菜和土豆

CITRONBAKAD LAX MED GRÖNSAKER OCH KOKT POTATIS

尽管投资者对这项技术的热情有所减退，但瑞典还是在2021年获得了建设首个陆基三文鱼养殖场的资金。目前，瑞典人食用的所有养殖三文鱼都是从邻国挪威进口的，不过瑞典人也食用一些捕捞的三文鱼。三文鱼有许多不同的吃法：水煮或糖渍、配莳萝和芥末酱、做成烤布丁，表面金黄酥脆，内里柔软细腻。

我们的食谱是一道传统家常菜。它是鱼、土豆、蔬菜和乳制品的结合，是一道非常简单的菜肴，但其中的技巧（如果有的话）在于三文鱼和蔬菜都不能煮得太熟。在掌握诀窍之前，你最好确保自己有一个食物温度计。鱼肉的内部温度不应超过45℃，否则，鱼肉中以液态

形式存在的蛋白质——白蛋白就会凝固，这就是为什么煮熟的三文鱼表面会出现一团团白色物质的原因。如果您在单位食堂和其他大众餐厅用餐，那么这些黏稠物可能会让您想要选择其他菜品作为午餐。如果您不想摆弄温度计，可以借鉴熏三文鱼的做法，在烹饪前用盐腌制三文鱼，这一过程有助于浓缩风味和保持水分。

准备**4人份**的美食，你需要：

600克土豆

4块厚切三文鱼

200克甜豌豆

200克西兰花

250克黄油

2个洋葱，切碎

1个柠檬

100毫升奶油

盐

100毫升鱼汤

100毫升干白

步骤

①将50克黄油用小火融化，与一半的柠檬汁混合，然后将混合物涂抹在三文鱼上。将鱼放入烤盘，以100℃的温度烤至鱼肉内部温度达到45℃。

②在炉灶上，用少许黄油将切碎的洋葱炒至变软，然后加入葡萄酒、鱼汤和奶油，再加入剩余的柠檬汁。小火慢炖成浓稠的酱汁，过滤并保温。

③将西兰花切成小块，与甜豌豆一起放入平底锅中，加入50克黄油和少许盐。将蔬菜炒软，但要确保西兰花保持脆嫩。

④将剩余的冷黄油加入温热的酱汁中，搅拌至起泡。将鱼、蔬菜和煮熟的土豆一起装盘，用汤匙将酱汁浇在上面。

鲈鱼

欧洲鲈

....

鲈鱼很可能是全球都熟知的鱼类形象，从雅典到温哥华，它是属于大众的，就像比利时巧克力或《经济学人》一样。当然，它很美味。鲈鱼肉质细腻，有恰到好处的独特海洋风味，可以说是一种更大、更狂野、在上层活动的沙丁鱼。当然，这只是一种功能上的类比；从生物学角度看，鲈鱼与沙丁鱼相差甚远。

话又说回来，鲈鱼其实并不是一种鱼。鲐科和梦鲈属的近500个物种都可以归入这个标签下。总的来说，它们往往是细长的海鱼，呈银色、灰色甚至黑色。但也有很多差异。您可能会发现鲈鱼有时只有几厘米长，有时偶尔长达两米，或者介于两者之间。这个类别毫无疑问地包括欧洲鲈（*Dicentrarchus labrax*），它们生活在瑞典南部到塞内加尔的大西洋沿岸，一直延伸到地中海和黑海。但欧洲鲈也包括一系列美洲鱼种，如白鲈（*Atractoscion nobilis*），实际上是石斑鱼或黄花鱼；或尖吻鲈（Lates calcarifer），在澳大利亚非常受欢迎，通常以炸鱼薯条的形式出现；或金眼狼鲈，一种大型美洲淡水鱼种，经常与海洋鱼种杂交，形成"条纹鲈鱼"，还有很多其他品种。

在所有鲈鱼中，欧洲鲈是最常被贴上商业标签的鲈鱼。这是一种集约化养殖的鱼，主要在地中海东部的网箱中养殖。土耳其和希腊提供了三分之二的市场份额，每年约25万吨，埃及稍稍落后。在地中海的另一端，摩洛哥和葡萄牙也生产这种鱼。

鲈鱼一般长30～50厘米，大小刚好适合整条放在盘子上。它是一种用途广泛的食用鱼，油炸或红烧，烤或水煮，或用胡萝卜丁、芹菜丁和洋葱丁一起熬制成高汤，或制作成寿司、生鱼片，都是不错的选择。鲈鱼肉低热量、高蛋白、富含维生素B_6，油性充足，即使稍微煮过头也能保持肉质鲜嫩。

　　老普林尼在他有时异想天开的《自然史》中告诉我们"鲻鱼和鲈鱼之间发生了激烈的争斗"，但除此之外，关于鲈鱼的传说鲜为人知。在地中海以外的地区也是如此，这种鱼被发现的时间并不长，可以说，它并不具有传奇色彩。它和所有新出现的知名人士一样，拥有一些模仿者。1977年，为了从美国消费者那里赚取利益，一种完全不相关的动物——小鳞犬牙南极鱼，被巧妙地改名为"智利鲈鱼"，实际上，这种鱼是鳕鱼的一种，虽然肉质鲜美，但长得异常丑陋。然而，在鱼排占主导地位的市场上，小鳞犬牙南极鱼的鱼排外表与鲈鱼完全相似。这种鱼因名称含糊不清而大受欢迎，以至于濒临灭绝。后来，由餐馆主导的抵制行动减轻了它们的生存压力，使鱼群得以逐步恢复。在这一讨程中，市场管理技术得到了改进，标签规则更加严格，消费者的意识也逐步提高。"智利鲈鱼"，这个确凿的"无照经营者"，以可持续的方式重返世界各国的菜单。

彬彬有礼的鲈鱼之音

了解你的鱼

由于价格不菲，鲈鱼是最常被冒充的鱼类之一。

2019年，反对海鲜欺诈的Oceana组织的一项调查显示，美国杂货店、市场和餐馆的鲈鱼标签错误率高达55%，位居榜首（加拿大一年前公布的这一比率为50%，仅次于红鲷鱼）。Oceana在提出这一发现时表示，用罗非鱼或亚洲鲇鱼等价值较低的鱼代替价值较高的鱼可能会"掩盖健康和保护的风险"。

不过，这些数字并非没有受到质疑：评论家认为这是选择性取样导致的结果；该数据使用了据称已经过时的DNA参考基数；或者在这个被不同国家语言、多个市场名称所困扰的行业中，贴错标签是无意的。当然，由于各种鱼类在某种程度上都有资格被称为"鲈鱼"，因此标签重叠的概率很大。大家都认为故意用廉价的罗非鱼代替鲈鱼出售是站不住脚的。相比之下，如果无意间得到一条好的石斑鱼就没那么令人担忧了。在意大利，也就是我们食谱的来源地，大多数情况下，spigola（鲈鱼，也被称为branzino）、orata（鲷鱼）和ombrina（黄花鱼）是可以在烹饪上互换使用的，它们都是优质鱼类，虽然外形略有不同（从体型上看，鲷鱼和黄花鱼比鲈鱼更扁平），但在口感细腻、鲜美方面不相上下。由于水产养殖的发展，这三种鱼全年都有供应。

营养成分表

新鲜的鲈鱼，混合物种

项目	每 100 克
能量	97 千卡
蛋白质	18.4 克
钙	10 毫克
铁	0.3 毫克
锌	0.4 毫克
硒	37 微克
维生素 A（视黄醇）	46 微克
维生素 D_3	6 微克
维生素 B_{12}	0.3 微克
EPA	0.161 克
DHA	0.434 克

我们该如何进行介绍呢？亲爱的鲈鱼，该从哪里开始？

我也不知道。这比其他的鱼更难吗？我是不是有什么问题？

不，不，一点也不。你的味道很好，但你看起来有点……不真实。请原谅我这么说。你是一条很好的鱼，但想要找到一个突出的特点并不容易，这加重了传记作者的工作。

你可能是对的。别人都说我很有教养，就是有点缺乏个性。我也说不上有什么特别的成就，我从来没做过坏事，成绩一直很好，也没引起过什么轰动。但也许正因为如此，我才会出现在许多优秀或上进的人的餐桌上。我认为这是衡量成功的一个好标准。

当然，所以你才会出现在这本书里，你还包括了大量的种类。你认为这会造成你的性格去中心化吗？

我说不好，我对批判理论之类的东西不太了解。

你暗示自己从未惹过麻烦，但普林尼的书中确实有一句相当隐晦的话，说你对鲻鱼怀有剧烈的敌意。那是怎么回事？

哦，没什么，真的。

我执意要得到答案。

嗯，在那不勒斯的国家考古博物馆里，在一幅出现在庞贝古城的用拼花方式制成的海鲜主题作品中，我们曾有过争执。仲裁结果是，我们都得到了一个位置。去看看吧，从粮农组织总部乘坐高速列车，两小时内就能到达。

鱼类访谈
鲈鱼

土豆西葫芦鲈鱼派

SPIGOLA IN CROSTA DI PATATE E ZUCCHINE

在意大利，制作鲈鱼的一种经典方法是all'acqua pazza（用"疯狂的水"）。在食盐价格昂贵的年代，这道菜使用的是海水，那不勒斯的谢尔福克人和庞扎的岛民对这道菜的出处存在争议。这一做法是将鲈鱼放在盐水和葡萄酒中烘烤，并加入樱桃番茄、蒜蓉和香菜。煮熟的鲈鱼被整条端上桌，切成片放在盘子里，再浇上一勺鲜美的汤汁。

意大利烹饪杂志《意大利美食》推荐了一道覆盆子焖鲈鱼。四人份的做法是：在平底锅中将花生油或其他中性食用油加热至60℃，然后关火。将四块鲈鱼各切成三小片。在鱼片上撒盐，放入温油中20分钟，并确保油完全覆盖鱼片。另外，将100克覆盆子放入搅拌机中，加入4汤匙橄榄油、2汤匙苹果醋和一小撮盐，搅拌均匀。将鲈鱼片从油中取出，用厨房用纸吸掉多余的油，然后用混合叶片和覆盆子酱点缀。将更多的新鲜覆盆子撒在菜上，再配上磨碎的新鲜胡椒粉。

我们自己的食谱则略显质朴。事实上，在意大利，除了一些比较冒险的餐厅，点鱼时基本会配上烤土豆。这道菜将土豆放在鱼肉下，西葫芦放在鱼肉上，在泥土味的牛至的点缀下，这道舒适的美食（当然也有俏皮的成分）显得更加生动。由于西葫芦会遮住鱼肉，因此要确保鱼排彻底去骨，必要时使用镊子。如果手边有干鱼子调味品，可以在成品菜中撒上一些，让菜肴更加美味。

由于我们的食谱中既有淀粉又有蔬菜，因此严格来说不需要配菜。但您可能也想配一些味苦的叶菜。一碗用辣椒和大蒜炒过的菊苣就很不错。选择清淡的意大利利古里亚韦尔芒题诺葡萄酒搭配鲈鱼，或者，您也可以用一杯特伦蒂诺或皮埃蒙特的上等起泡酒来增加鱼派的丰富性。

准备**4人份**的美食，你需要：

4块鲈鱼排

1个大土豆，去皮

2个西葫芦

150克面包屑

橄榄油

干牛至

盐和胡椒

步骤

1 将烤箱预热至180 ℃。在烤箱托盘（或烤箱专用大玻璃盘）上涂油。

2 将土豆切成薄片，在烤箱托盘上摆成长方形。确保土豆片稍有重叠，以保持一定连续性。调味后刷上橄榄油。

3 现在将鱼排放在土豆上，两片向下，两片横向，相邻相接。切开并调整土豆的边缘，确保土豆形状与上面的鱼肉形状相匹配。

4 接下来，将西葫芦放在鱼肉上，再次确保形状与鱼肉和土豆相匹配。这样就形成了一个大而平的三明治，鲈鱼就是其中的馅料。轻轻拍打"三明治"，以最大限度地增加密度，但不要过度挤压西葫芦，西葫芦自身的含水可确保鱼肉保持湿润。

5 在西葫芦上撒上面包屑、牛至和少许橄榄油。在烤箱中烤20分钟左右，然后取出，静置2分钟后切成4份，即可食用。

鲷鱼

西大西洋笛鲷

鲷鱼（鲷科）的眉毛拱起，嘴角向上倾斜，似乎是在一种自责烦躁的状态下度过其漫长的一生——新的研究表明，它们的寿命长达80岁。当然，这种令人印象深刻的寿命很大程度上是理论性的：尽管鲷鱼是牙齿锋利的食肉动物，但离食物链顶端还有一些距离。事实上，鲨鱼、梭鱼和人类都很喜欢以它们为食。

在全球热带和亚热带地区的100多个鱼种中，红鲷鱼（*Lutjanus campechanus*）是最受欢迎的一种。这种鱼在西大西洋富含珊瑚礁的水域中最多，主要在墨西哥湾。

红鲷鱼肉质鲜美，体色鲜红，非常上镜。它的肉质紧实，富含蛋白质，钠与饱和脂肪含量低。味道醇香，略带坚果味，几乎没有鱼腥味——对大多数人具有吸引力，包括儿童和鱼类怀疑论者。在一些美国餐馆的菜单上，每片红鲷鱼高达40美元，这刺激了周边国家的偷猎行为。不过，虽然一些地区过度捕捞现象严重，但自21世纪以来，对墨西哥湾北部边缘地区的严格监管已促进红鲷鱼数量回升。在撰写本书时，美国的商业捕捞季每年只有6个月，休闲捕捞季仅为3天。

还有更多好消息。2021年，美国国会委托开展的一项长期研究将之前预估的红鲷鱼数量增加了两倍。这是由监测墨西哥湾生态系统的机构哈特研究所主导的研究，"红鲷鱼大统计"包括了标记、直接目测计数、栖息地分类、先进的照相工作和水声调查等调查方法。报告得出的结论是，这里有一亿多条红鲷鱼，其中大部分在墨西哥湾未测绘出的海底快乐地生活（早期数字是根据生物量估计值推算出来的）。

红鲷鱼可以轻松长到1米长，但通常在成年早期就被捕捞，这时体长38～40厘米。令人欣慰的是，这意味着较小的红鲷鱼可以装进家庭烤箱里，而大一点的则可以满足宴会的需要。

现在来说烹饪。红鲷鱼外形很吸引眼球，所以保留鱼皮是值得的。为了达到引人注意的效果，可以在黑色石板盘上撒开心果。把西葫芦放入搅拌器或绞肉机中，用橄榄油把西葫芦碎块裹起来，然后用盐、胡椒粉、四分之一茶匙甜辣椒粉和一小撮肉桂粉调味。将其放在保鲜膜上，做成粗香肠状，再用保鲜膜卷成光滑紧实的圆筒。将西葫芦圆筒冷冻15分钟左右，使其变硬，然后取出，剥去保鲜膜，切出5厘米长的部分，确保两端表面平整。把西葫芦圆筒放在黑色拼盘的一端。

绘画成红色海洋

接着来说鱼。烤一块红鲷鱼排，烤之前在鱼皮上刮几刀，烤脆但要保持鱼肉湿润。将鱼排小心地叠放在西葫芦圆筒上，鱼皮朝上。最后，在柠檬汁中浸泡几粒开心果，将其干煎几秒钟，然后放在鱼肉上。

或者，让自己从视觉盛宴中解脱出来，按照本章中更家常但同样令人满意的食谱来做。无论如何，请务必阅读下一节，以免上当受骗：红鲷鱼是地球上最容易伪造和贴错标签的海鲜之一。

了解你的鱼

根据调查和采样地点的不同，三分之一到近百分之百被当作红鲷鱼售卖的鱼可能不是红鲷鱼。寿司店贴错标签的概率最高，因为那里的鱼最难辨认。 如果您吃到的是一种种类相近、难以区分的鲷鱼也没关系，鲷鱼的种类有很多——猩红鲷鱼、玫瑰鲷鱼、朱红鲷鱼或黄尾短鲷（这里列出的两份食谱中有一份用到的鲷鱼来自太平洋鲷鱼的故乡下加利福尼亚州，尽管不同种类的鲷鱼染色体相似，但基因略有不同）。但如果您买到的是罗非鱼，一种商业价值低得多的养殖淡水鱼，那么贴错标签就成了一个大问题，甚至可能是犯罪问题。

为了最大限度地降低鲷鱼被调包的风险，不要购买任何没有鱼皮的鱼，这真的是以貌取"人"。当然，红鲷鱼的鱼肉也有一些淡红色，但还不足以让人一目了然。因此证据完全在于表面：鱼皮至少是明显的粉红色，而且通常（尤其是背鳍）是石榴色的。

如果买的是整鱼，还要检查鱼眼，它应该是鲜红色的。尾鳍也应是红色的，而且略微分叉，不像罗非鱼的尾鳍灰白，像刷子一样。最后，如果您遇到红鲷鱼被热情地宣传为"刚从码头上下来"，请拿出手机搜索当地合法的捕鱼季节。

当然，这些都不是万无一失的，但最起码的调查还是有帮助的。

营养成分表

新鲜的鲷鱼，混合品种

项目	每 100 克
能量	100 千卡
蛋白质	20.5 克
钙	32 毫克
铁	0.2 毫克
锌	0.4 毫克
硒	38 微克
维生素 A（视黄醇）	32 微克
维生素 D_3	10 微克
维生素 B_{12}	3 微克
EPA	0.051 克
DHA	0.26 克

你多红啊！

我会抢风头吗？

当然。

谢谢，谢谢你邀请我。

不客气。不过，让我来谈谈更敏感的话题。跟我说说雪卡毒素的事情吧。

你知道多少？你想知道什么？

嗯，我知道这是一种神经毒素，存在于珊瑚礁周围的鱼类中，比如，嗯，你自己。它还会引起人类呕吐和腹泻等不适症状，在某些情况下甚至会导致视力模糊。但我不知道它的传播范围有多广，也不知道你能否在它侵袭你之前发现它。

是的，雪卡毒素来自热带和亚热带水域中的某种藻类。不幸的是，你无法发现它，它不会改变鱼的外表。我说的不仅仅是我自己，还包括梭鱼、石斑鱼和其他鱼类。但我需要指出的是，虽然雪卡毒素的发病率不容忽视，但服用抗组胺药后症状往往会消失。2020年全年，美国共有5人因雪卡毒素死亡，因此我们应该正确看待这件事。

了解。最后，我想说点高兴的事：很高兴听到你们在墨西哥湾的数量比大家想象的要多得多。

是的。当然，我一直都知道，我只是不想让你们人类过得太安逸。

鱼类访谈
鲷鱼

鲷鱼玉米卷

TACOS DE HUACHINANGO

在美国销售的鱼排有近三分之二由墨西哥供应。但墨西哥的国内消费者也得到了很好的服务：这里拥有仅次于日本筑地的全球最大海鲜市场。新维加市场上有许多食品摊位和出售厨具的商店，墨西哥湾的大部分渔获物都在这里出售。这个市场位于墨西哥城周围人口稠密的盆地，其独特之处在于它在内陆深处。运输成本意味着墨西哥渔民需要在海上花费更长的时间才能维持收入。部分渔获物直接出口到墨西哥边境以北。

每天，尤其是在大斋节等重大宗教节日期间，新维加市场都会挤满成千上万的购物者。成堆的红鲷鱼，有鱼排的，也有整条的，从这里的货摊上映入眼帘。墨西哥湾的红鲷鱼和它的太平洋近亲秘鲁笛鲷（*Lutjanus peru*）在墨西哥都被称为"huachinango"，这个词来自纳瓦特尔语，意思是"红色的肉"。事实上，这里介绍的食谱并非来自墨西哥湾，而是来自太平洋一侧的下加利福尼亚州，这里供应了该国十分之一的鱼类和海鲜。

除了鱼，这道菜还需要酸奶油或蛋黄酱（或两者都要）。如果您选择后者，可以放弃从店里买，自己动手会更有成就感。除此食谱给出的方法外，您还可以定制蛋黄酱：用蒜蓉做成浓郁的地中海蛋黄酱，或者用切碎的凤尾鱼、酸豆角和罐装金枪鱼做成意大利20世纪80年代经典的金枪鱼蛋黄酱（vitello tonnato）。

准备**2人份**的美食，你需要：

2片鲷鱼排

1个大番茄
（或2个小的），切碎

1个大牛油果
（或2个小的）

2个黄瓜，切片

1头卷心菜，切碎

1～2个去籽的绿辣椒，切碎

2个青柠
（榨汁）

1罐酸奶油
（约250毫升）

炒菜用橄榄油

盐和胡椒，用于调味

制作玉米饼

至少250克面粉和用于撒粉的面粉
2勺植物油
半勺盐

制作蛋黄酱

1个蛋黄
1勺芥末
少量植物油
1滴柠檬

步骤

1 将番茄、辣椒、青柠汁、盐和胡椒粉放入一个碗中搅拌，备用。

2 现在制作玉米饼。在另一个碗中，将面粉、植物油和盐混合在一起，倒入150毫升热水，进一步搅拌，然后在铺有面粉的木板上揉几分钟，直到揉出一个柔软有弹性的面团。

3 将面团分成6份，用擀面杖将每份面团擀开，撒上更多面粉。在平底锅中倒入植物油，加热后将每个玉米饼煎至两面金黄，取出，用厨房纸吸油，并盖上锅盖保温。

4 制作蛋黄酱（如果需要的话）。将芥末和蛋黄搅打在一起，加入盐和胡椒调味。不断倒入植物油，一直搅拌以便融合，直到混合物稳定成半硬质的黄色奶油。您最多可以用三分之一的橄榄油代替植物油，但过多的橄榄油会使蛋黄酱带有令人不愉快的苦味。最后加一点柠檬，然后盖上盖子放冰箱冷藏（如果蛋黄酱裂开，也可少量使用柠檬来"粘上"裂缝）。

5 在鱼片的表皮上划一刀。在平底锅中倒入橄榄油，用中火煎炸鱼排，先煎鱼皮。出锅后沥干多余的油。

6 撕下鲷鱼肉，将其铺在玉米饼上，小心不要烫伤自己。加入蔬菜，撒上番茄和辣椒粉，再撒上一勺酸奶油或蛋黄酱，然后将玉米饼对折。您的玉米卷就做好了。

鱼类大杂烩

由两个岛国组成的圣基茨和尼维斯联邦在加勒比海群岛的地图上形成了一个感叹号。这里的美食也是如此，既根植于西非传统，又受到英国、法国和南亚的影响，充满生机、大胆直率。在肉类方面，羊肉经常与面包果和青木瓜搭配。

鱼类和贝类通常跟椰子一起烤，或者像本书所写的一样，配上简单但色彩丰富的蔬菜和土豆泥。总之，这是一道丰盛而舒适的美食，可以搭配啤酒而不是好的葡萄酒——如果能买到的话，或许还可以配上一两瓶当地的加勒比窖藏啤酒。

准备**2人份**的美食，你需要：

1条略小的红鲷鱼，洗净

1块咸黄油

秋葵、甜玉米、豌豆和胡萝卜丁

半个洋葱，切成薄片，
2个青葱，
纵向切开或切成2厘米长的
小块

盐、胡椒粉和
1枝百里香，
用于调味

步骤

① 将鱼的里里外外均撒上盐和胡椒，把一小支百里香放入鱼腔。

② 在一张铝箔纸上抹上黄油，再将剩余的黄油涂在鱼身上。将鱼放在铝箔纸上。

③ 将蔬菜和洋葱覆盖在鱼上，合上铝箔纸。根据鱼的大小，在烤箱中以175℃左右的温度烘烤20分钟左右。

④ 放在土豆泥或山药上食用，让这些淀粉吸收鱼汁。尼维斯人的口味偏辛辣，所以没有人会责怪您在配菜中加入辣椒酱。

鳟鱼

虹鳟，美洲红点鲑，褐鳟

....

　　鳟鱼的种类曾经通过地理范围来划分：北美西部边缘的虹鳟、大湖区的溪鲑（红点鲑）、欧洲的褐鳟。现在不再如此了。为了饮食和垂钓，这3个主要品种（除此以外还有几十种，包括亚种在内）在全球各个国家被广泛引入，如今已能够在大部分地区发现它们的踪迹。人工培育从很早的时候就已经开始了。据报道，早在19世纪70年代，鳟鱼就在旧金山市政厅的地下室中从卵里孵化出来。

　　在野外，鳟鱼主要生活在湖泊和河流中。根据不同种类和栖息地，鳟鱼体长可以只有30厘米，也可以长到4倍于这个数字的长度，体重可能相差20倍。它们的体色从银色到金色，或灰色中夹杂着粉色。您可能会发现它们身上布满黑色或鲜红色的小点。名字令人害怕的切喉鳟（*Oncorhynchus clarkii*），其下颌和鳃周围呈深红色。

　　值得注意的是，在这种自然多样性和全球化的情况下，鳟鱼物种仍然保持着独特性。人工饲养确实会出现杂交现象，但在野外则要少得多，野外杂交已被证明会抑制繁殖能力。鳟鱼这一物种的内部多样性也很高，仅在英国河流中游动的褐鳟鱼的基因多样性就远远超过整个人类。有些褐鳟可能会出海一段时间，在这种情况下，直观地说，它们被称为海鳟，但大多数褐鳟不会出海。就像人类的某些族群更愿意与边界另一边的兄弟相认一样，褐鳟也会冷落其他鳟鱼，但却乐于与鲑鱼杂交。

　　鲑鱼和鳟鱼的亲缘关系早已确立：它们都属于鲑科。鲑鱼主要生活在海洋中，而鳟鱼则主要生活在河流中。因此，鳟鱼的味道与三文鱼的味道相呼应，就像半脱脂牛奶与全脂牛奶的味道相呼应一样，本质上是同一种食物，但味道更微妙，仿佛有所保留。鳟鱼的最佳口感近乎花香。鳟鱼肉温和而富有个性，可以用于很多菜系。番茄在我们的两份菜谱中都有出现，是我们经常使用的搭档，它的酸味可衬托出鱼肉的甜味。不过，鳟鱼也可以轻松搭配一些更冒险的伴侣。在香槟区的法国城市兰斯，厨师田中和之（Kazuyuki Tanaka）曾将北极鲑——一种生长在寒冷湖泊中的鳟鱼——与发酵茴香或可可搭配。事实上，鳟鱼的某些特性似乎能激发人们的想象力。例如，19世纪作曲家弗朗茨·舒伯特在大量饮用匈牙利红葡萄酒后即兴创作了他最著名的叙事曲《鳟鱼》（Die Forelle）。在舒伯特的乐曲中，嬉戏的鳟鱼在前两节中自由自在，令人兴奋，但在第三节中却被无情的渔夫制服。音乐听众可能会对这一转折感到不快，不过，美食家们会感到高兴：对他们来说，鳟鱼最诱人的音符是死后发出的。

一种鱼，多种装扮

了解你的鱼

如今，鳟鱼大量来自水产养殖。仅虹鳟的年产量就达到约85万吨，比第二次世界大战结束后的初期增长了近20倍。伊朗伊斯兰共和国和土耳其位居前列，智利和秘鲁也是鳟鱼生产大国，他们在海水中养殖部分鳟鱼。挪威是另一个体量较大的鳟鱼供应国，其鳟鱼品种被称为"峡湾鳟鱼"。撇开食品行业不谈，鳟鱼仍然是一种广受欢迎的野味鱼，在许多国家，它还促进了农村经济的发展。每年，大量养殖的鳟鱼被用于为野生鱼群数量减少的湖泊和河流补充鱼种。这种相对丰富的资源使鳟鱼成为一种相当廉价的食品——以至于在法国或意大利，你可能会发现鳟鱼被当作鲑鱼出售，因为人们相信，将鳟鱼与三文鱼联系起来会提高鳟鱼的声誉。事实上，这只是在饲料中添加合成虾青素使鱼肉更红而已（虾青素是磷虾中天然存在的一种物质，添加虾青素是一种安全合法的做法，尽管它的作用主要是美容）。鳟鱼除了富含 ω-3 外，还能以相对较少的热量提供丰富的蛋白质。它还富含硒，是一种重要的抗氧化剂。无论是清蒸、烧烤还是烤箱烘烤，鳟鱼都能在简单的环境中发挥出最佳效果：过于复杂的装饰可能会让鳟鱼窒息。因此，本章中的食谱保持了简约的风格（不过吉尔吉斯饺子可能确实需要一些技术）。与往常一样，一定要确保别把鱼做得太干，尤其是鳟鱼，否则会难以下咽。美国的一条经验法则建议，烤鳟鱼片时，每英寸（2.5厘米）厚度烤10分钟，如果鱼带骨或用铝箔包裹，则多烤几分钟。

营养成分表

新鲜的（挪威）虹鳟，养殖鳟鱼，鱼排

项目	每 100 克
能量	196 千卡
蛋白质	19.3 克
钙	9 毫克
铁	0.3 毫克
锌	1.2 毫克
硒	20 微克
维生素 A（视黄醇）	18 微克
维生素 D$_3$	7 微克
维生素 B$_{12}$	3.9 微克
ω-3 多不饱和脂肪酸	3.18 克
EPA	0.81 克
DHA	1.37 克

你在哼什么？

等等，我想问第一个问题……
你，在，哼，什，么？

这是一首以你的名字命名的乐曲。一首浪漫主义作品。十九世纪初，它曾风靡欧洲。

真的吗？为什么不通知我？

我不知道，也许是因为你的结局并不好。

作曲家的结局好吗？

恐怕不算好，他死的很早，只有31岁。

嗯，报应。

不要害怕。人们将你与欢乐和活泼联系在一起。

但是他们仍然不够重视我，相对于三文鱼来说。

我不知道该怎么回答。的确，你在别人眼中更普通。

我想你恐怕是自身成功的受害者：你被引入到世界各地。

我的适应能力很强，这是我的主要特质之一。另外，我主要是淡水鱼，但我的味道并不像淡水鱼那样泥泞。

你知道，淡水鱼吃起来泥泞的说法有点玄学，也许会有一种奇特的味道，但很多时候是因为鱼不新鲜。无论如何，这与泥巴没有任何关系。

管它呢。

我只想说，你看起来相当光彩夺目，虽然严格来说不像彩虹，但我知道他们为什么这么叫你了。

谢谢。请记得告诉三文鱼。

鱼类访谈

鳟鱼

烤焙塞凡湖鳟鱼

ISHKHAN, իշխան

　　亚美尼亚位于世界两大鳟鱼生产国伊朗和土耳其的交界处，拥有自己的珍贵鱼种——塞凡湖鳟鱼。这种鱼是塞凡湖水域特有的鱼类。塞凡湖的生态系统在历史上曾饱受摧残，目前塞凡湖鳟鱼已濒临灭绝，其中两个亚种已经灭绝。20世纪70年代末，苏联当局禁止对野生塞凡湖鳟鱼进行商业开发，并宣布该湖区为国家公园。如果您要在亚美尼亚品尝塞凡湖鳟鱼，最好是经过认证的养殖鳟鱼。在其他地方，任何种类的鳟鱼都可以。

　　这道菜里使用石榴代表了一种优雅的、典型的高加索风味。如今，新鲜的石榴果实非常普遍，因此值得购买新鲜的石榴，或者购买瓶装的石榴籽。

1整条鳟鱼，差不多1千克，清洗干净

准备**4人份**的美食，你需要：

2勺酸奶油

2勺番茄酱

半个石榴或者等量的瓶装新鲜石榴籽

1勺辣椒粉

盐

步骤

❶ 将烤箱预热至200℃。同时，在鱼身上斜切几刀，间距3厘米。

❷ 将除石榴外的所有配料混合在一起。将腌料涂抹在鱼表面、鱼体内和切口处。

❸ 根据鱼的大小，将鱼放入烤箱烤半小时左右。在烤鱼的同时，用刮刀拍打石榴皮的外侧并轻轻挤压，将石榴籽倒出（确保丢掉所有白色的髓，因为髓是苦的）。

❹ 将撒有石榴籽的鱼与长粒米饭一起上桌。如果想品尝亚美尼亚风味，还可以在米饭中加入烤松子和杏仁。

茄汁鳟鱼

TRUCHA EN SALSA DE TOMATE

哥斯达黎加地处大西洋和太平洋之间，海岸沿线风光旖旎，人们很少将其与淡水联系起来。但哥斯达黎加的寒冷溪流中有很多鳟鱼，吸引了大量飞钓爱好者。水产养殖业也很发达，虽然虹鳟鱼在排名中位居第三（罗非鱼在这一行业中占主导地位），但产量在十年间翻了一番。在我们的食谱中，鳟鱼与香草相映成趣，与吉尔吉斯菜的浓郁形成鲜明对比。

2个鳟鱼排

1瓣大蒜，压碎

3个番茄

准备**2人份**的美食，你需要：

盐，1勺黑胡椒碎
和半勺孜然碎

5小枝牛至，新鲜
的或者干的均可

煎炸用
橄榄油

3片新鲜罗勒叶

步骤

1 在平底锅中加入几勺橄榄油，油温热后转小火。用盐、胡椒和一些牛至对鱼片进行调味，然后轻轻翻炒鱼片，直至上色和变软。

2 同时，在另一个平底锅中加入更多的橄榄油。将番茄切碎后倒入，加入撕碎的罗勒叶、孜然粉和剩余的牛至。加入一小撮盐，如果番茄味道太重，还可以加一点糖。搅拌后用小火煮成浓汁。

3 将温热的鱼和番茄浓汁一起上桌，用勺子淋上浓汁，与糙米饭、青豆和凉拌卷心菜丝一起食用。

鱼肉饺子

BALYKTAN ZHASALGAN MANTY, БАЛЫКТАН ЖАСАЛГАН МАНТЫ

吉尔吉斯斯坦被称为离海洋最远的国家。作为大自然的补偿，吉尔吉斯斯坦的河流系统十分庞大：数以万计的河道穿过吉尔吉斯山脉，其中大部分由冰川提供水源。湖泊数量接近2000个。其中，最大的伊塞克湖于1930年从亚美尼亚的塞凡湖引进了塞凡湖鳟鱼。这种鱼非常适应伊塞克湖的新环境，据说有的甚至长到了原来的5倍大，换句话说，鳟鱼在吉尔吉斯斯坦就像在自己家里一样。此外，该国还是运动垂钓的目的地。然而，苏联解体后，该国鱼类产量急剧下降，于2009年跌入谷底。但粮农组织的技术援助帮助该国水产养殖业实现了反弹：到2021年，产量猛增了14倍。

在我们的吉尔吉斯菜谱中，鳟鱼被切成碎末，与土豆和洋葱搭配在一起。这样的搭配虽然也不错，但可能并不是最让人惊喜的。这道菜的魅力在于"manty"，一种著名的土耳其饺子，包裹着混合物。在吉尔吉斯斯坦和中亚的其他地方，每一个饺子里都可能会加入一抹羊脂（吉尔吉斯语称为"kurdyuk"）：你吃不出羊脂的味道，但它会让口感更加丰富。当然，您也可以使用黄油，如果您不习惯吃这些东西，也可以不用。另一方面，您也可以在馅料中加入欧芹或莳萝，让馅料更加新鲜。

在当地，饺子是用一种叫做"mantyshnitsa"的特殊容器蒸熟的，但拿做点心用的那种竹制蒸笼也可以。

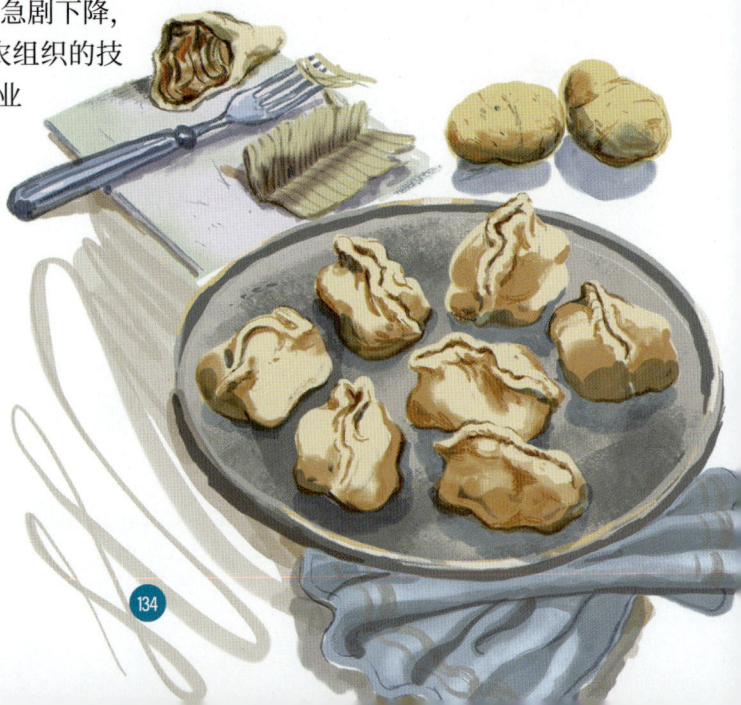

准备**6人份**的美食，你需要：

1条1千克以下的虹鳟，清洗干净，去皮，彻底去骨

1个大土豆或2个小土豆

欧芹或莳萝
（可选）

2个洋葱

适量盐、红辣椒和黑胡椒

制作饺子

500克白面

1个鸡蛋

盐适量

步骤

① 首先准备面皮。将面粉筛在砧板上，呈小丘状，并在上面压出一个坑。将鸡蛋打入面粉坑中，加入一小撮盐。用叉子将鸡蛋拌入面粉中，注意避免结块。揉面时分次加入少许水，揉成一个质地较硬的面团，然后静置。

② 现在制作肉馅。将土豆和洋葱去皮切丁，放入去皮去骨的鱼肉。用盐和胡椒调味，加入欧芹或莳萝（可选），然后用搅拌机轻轻搅拌（您需要的是仍有一定颗粒的糊状物，而不是泥状的糊状物）。

③ 将注意力转回到面皮上。在砧板上再撒一些面粉。从面团中揪出一大块，用擀面杖尽量擀薄，确保表面平整。用锋利的刀切出边长约8厘米的方块。

④ 在每个方形面皮上涂抹一些油脂（可选），然后在中间放上一勺鱼肉碎。现在将每个方形面团的四角拢起，聚合，将接缝处压在一起，以确保饺子在蒸的过程中不会破裂。

⑤ 上锅蒸15 ～ 20分钟。可以尝一个看看熟了没有，根据饺子大小调整烹饪时间，蒸熟后即可上桌。

金枪鱼

金枪鱼属
·····················

金枪鱼是鲭鱼的远亲——但金枪鱼体型更大，游得更快，味道更好。从鲭科中最不起眼的成员即与鲭鱼相似的半米长的子弹金枪鱼，再到在东京热闹的水产拍卖会上拍出高价的蓝鳍金枪鱼，金枪鱼和鲭鱼一样，都属于鲭科（此处为便于参考，也包括了鲣鱼）。事实上，关于金枪鱼的身份界定，有时难以统一。在某些分类中，特别是出于商业目的，子弹金枪鱼实际上是一种鲭鱼，而鲣鱼实际上是一种金枪鱼。

金枪鱼以各种形态出现在各个捕鱼区，是顶级掠食者。它们以海洋生物为食，包括鲭鱼。相比之下，很少有海洋生物以金枪鱼为食。金枪鱼寿命长、游得快、洄游远，肌肉发达，体色呈深粉色和深红色，皮肤像晒黑的铝，上面有灰蓝色的条纹。

金枪鱼是大型鱼类，通常非常大，这意味着它们从来不会被整条吃掉。与构成现代饮食的部分大型陆地动物一样，金枪鱼切片也有多种选择。大理石花纹、味道鲜美、脂肪较多的鱼腹部分（在意大利被称为腹肉条，在日本被称为上腹）往往是最珍贵的：它们之于金枪鱼，就如同牛柳之于牛肉。

除了价格差异外，不同种类的金枪鱼也有不同用途。市场知名度越高的金枪鱼价值越高（但公平地说，价格因时间不同也有变化，如龙虾，从过去的平价产品逐渐往高价格方向发展）。金枪鱼产品的入门级，是供应大多数市场的金枪鱼罐头，这是学生、单身人士和"周末厨师"的好朋友。金枪鱼罐头一般采用上等淡色长鳍金枪鱼制作，而有些低价罐头则使用略显粗糙、油脂较多的鲣鱼制作。泰国是世界上最大的金枪鱼罐头出口国，2020年的出口额达数十亿美元。

黄鳍金枪鱼是一种用途广泛的鱼，可作为鱼排或寿司的原料，是市场营销产生的知名产品，大眼金枪鱼是更高级别的金枪鱼，两者在美国都被称为"ahi"，并在意大利的罐头市场占主导地位。最高级的是蓝鳍金枪鱼，肉质鲜美、味道浓郁，可制成最上乘的生鱼片，被赋予不加大米或醋的星级待遇。仅日本就占据了五分之四的市场。

金枪鱼是高度洄游鱼类，在多个司法管辖区游弋，因此由专门的区域性渔业机构发布具有约束力的可持续管理规则。蓝鳍金枪鱼具有极高的吸引力，长期以来受各方关注。例如，太平洋小岛屿发展中国家（PSIDS）已经联合为蓝鳍金枪鱼的捕捞许可证设定上限。与此同时，蓝鳍金枪鱼的"养殖化"，即捕捉幼鱼并圈养，自20世纪90年代初着手进行。

海上的竞速者

在过去，从鱼卵养殖蓝金枪鳍鱼被认为在技术上是不可能的，现在也逐渐成为一种可行的选择。这种做法一定程度上缓解了野生种群的压力。2021年，世界自然保护联盟（IUCN）宣布太平洋蓝鳍金枪鱼产量"不受威胁"（尽管仍严重枯竭，其生物量不到原来的5%），大西洋蓝鳍金枪鱼产量"接近受威胁"，但目前两者都有所改善。南太平洋蓝鳍金枪鱼在濒危状态，已不是极危。总之，我们应对蓝鳍金枪鱼持谨慎态度。

©FAO/Kurt Arrigo

了解你的鱼

从渔船购买金枪鱼的批发商（或其代理商）会按照从1（最高）到3（最低）的等级对其进行分级。有些系统多达8个等级，从负1到正3，在2级附近有许多细微的差别。分级的方法一般是从鱼尾切下新月形的鱼片，并从鱼的核心部分提取细长的"鱼块"。然后将鱼片和鱼块放置在白色泡沫塑料上，并在自然光下进行检查，对半透明度、色彩的强度和一致性等特征进行评估。评分员还会查看是否有乳酸"烧伤"的迹象，或是否有病害迹象，病害会导致鱼肉褪色或摸起来呈海绵状。

这种过于专业的方式，就像评判葡萄酒的"长裙"（robe）一样，让未经专业培训的人看不懂。作为普通消费者，除了罐装金枪鱼外，您最有可能遇到的是质量参差不齐的块状或片状的鱼，即使没有评分员的慧眼，您也能分辨出很多东西。

首先，警惕不太可能出现的低价。金枪鱼是成本高昂的鱼（有人估计，如果将价值链上的所有附加因素考虑在内，全球金枪鱼的销售额将达到400亿美元），因此容易出现欺诈和不正当交易。另外，注意颜色。在欧盟等发达国家的市场上，使用人工色素是违法的。检查是否有不透明或暗褐色斑点等不新鲜的迹象。

其次，如果您的鱼被贴上"ahi"，您可能需要作进一步了解。大眼金枪鱼被归类为易危物种，而黄鳍金枪鱼则不是。如果买的是生鱼，有时您可以通过深色T形血线来分辨是否是黄鳍金枪鱼。

最后，挑选蓝鳍金枪鱼在道德和认识论上都是一个难题。从广义上讲，太平洋蓝鳍金枪鱼现在是被狩猎的猎物。对于马绍尔群岛这样的小国来说，这是他们重要的收入来源，那里十分之一的劳动力都以捕捞蓝鳍金枪鱼为生。大西洋蓝鳍金枪鱼的问题则更为复杂，虽然整体种群面临的威胁已经降低，但这主要归功于地中海种群的复苏，在西大西洋，该物种仍濒临灭绝。更复杂的是，错误标注蓝鳍金枪鱼的行为比比皆是，许多餐馆仍然避而远之。

营养成分表

新鲜的黄鳍金枪鱼肉

项目	每100克
能量	109 千卡
蛋白质	24.4 克
钙	4 毫克
铁	0.8 毫克
锌	0.4 毫克
硒	91 微克
维生素 A（视黄醇）	18 微克
维生素 D_3	2 微克
维生素 B_{12}	2.1 微克
EPA	0.012 克
DHA	0.088 克

蓝鳍金枪鱼！我们终于见面了，这是我的荣幸。

谁？怎么啦？你是谁？

我向你发出了采访请求，你接受了。

我接受了吗？好吧，我不能待太久。

哦？很抱歉你这么着急。

是的，总是这样，我必须继续前进。他们都说我心胸宽广，某种意义上来说这是真的：我的心脏巨大。心脏需要持续跳动，所以我从不休息。如果我停下来，我就没有氧气了。

我明白了，我想有些鲨鱼也是这样的。我听说还有一种叫做"逆流交换"的东西，你能解释一下吗？

这是一个关于"奇妙网络"的例子。它是这样的：我有两个血液流，会流向相反的方向。但这些血液是相交的，它们交换热量，这会提高我的体温。

这种体温调节可以让你更快速地游泳和捕猎，对吧？

没错，我的体温比我周围的水温高15℃。

了不起。现在我想谈谈你和鲭鱼关系的复杂问题，从某种程度上说，鲭鱼是你家庭的一部分……

冒牌货，这只有一个办法可以解决。

是什么？

吃掉它。

嗯……好吧。是的，我想我们都是这样。然而我们吃的是你。

我不予置评。

好吧，我对此表示尊重。回过头来看，我可能没有找到所有问题的答案，但写这本书给我带来了极大的启发。

好，请寄给我一份有你亲笔签名的书。我得赶紧走了。

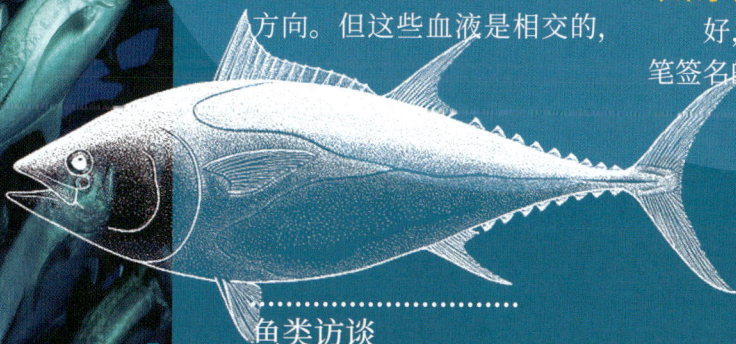

鱼类访谈

金枪鱼

©Jet Kim on Unsplash

炖鱼

QELYEH MAAHI, ماهی قلیه

伊朗伊斯兰共和国的传统美食偏重于肉类（尤其是羊肉），鱼类消费水平在全球排名中等。但是，伊朗的人均鱼类摄入量在稳步增长，这个国家正在向渔业大国转变。伊朗拥有广阔的双海岸线，南临波斯湾和阿曼湾，北临里海，这在很大程度上促进了渔业的发展。该国有20多万人从事渔业，鱼类产量从2000年代中期至2010年代中期翻了一番。但这在很大程度上也归功于蓬勃发展的水产养殖业，在撰写本书时，其产量已突破一百万吨。

本菜谱借鉴了布什尔省的美食文化。布什尔省在伊朗南部，与科威特隔海相望，以其海鲜美食而闻名。炖鱼（Qelyeh Maahi）要求使用金枪鱼或鲭鱼，具体取决于不同的版本和追求的精致程度。也可以使用其他品种的鱼，但不能是味道太淡或太容易碎掉的。您需要肉质厚重的鱼，经得起长时间炖煮，还要有一定的鱼腥味，可以与香料相得益彰。

罗望子（酸角）富含维生素B$_1$、维生素B$_3$和钾。现在要找到罗望子应该很容易，要么是整块在硬壳中，要么是去皮压成砖。罗望子果肉部分需要在水中浸泡，酸甜可口，味道浓郁，会给这道菜带来令人愉悦的酸味。总之，这道菜会让您觉得来到了印度和巴尔干半岛中间的地方。当然，这也正是布什尔省在地图上的位置。

如果找不到罗望子，可以用一些饱满的椰枣代替，混合青柠汁后捣碎，像过滤罗望子果肉一样过滤这种混合物。

准备**2人份**的美食，你需要：

50克罗望子

2块厚金枪鱼排
（350～400克，您可能需要将其切成两半）

1个小洋葱或半个大洋葱，切碎

2～3瓣大蒜，切碎

1束香菜（芫荽），切碎

可选：一两撮藏红花，最后加入

1勺新鲜胡卢巴叶，切碎。如果没有，也可用种子

适量盐、黑胡椒、姜黄、香菜籽和辣椒粉

步骤

1 将罗望子果肉泡在100毫升温水中，静置30～60分钟，然后用手指或叉子将其充分捻碎，用筛子过滤混合物。您的目标是制成流动的糊状物——如果需要，可加入少许面粉增稠（如果喜欢不那么酸的食物，也可以加入蜂蜜）。

2 在浸泡罗望子的同时，将盐、胡椒和香料磨碎。将一半的混合香料涂在鱼身上，保留另一半混合香料。

3 将洋葱切碎，在油中慢炒至变软，加入预留的另一半混合香料并搅拌均匀。将洋葱炒至深金黄色。

4 将大蒜放入锅中，炒一分钟，注意不要把大蒜炒焦，然后加入切碎的香菜和胡卢巴（或胡卢巴籽）。煎炒10～15分钟，加入少许水以保持汤汁不烧干，直到锅中的汤汁变成翠绿色。

5 倒入罗望子酱，再倒入一杯水，继续收汁。尝一下味道，必要时加点盐。

6 将金枪鱼块放入油锅中炸，当鱼肉还是粉红色时，将其从油锅中取出，放入有酱汁的锅中。

7 用小火煮20～30分钟，盖上一半锅盖，偶尔摇晃一下，不要搅动，鱼（或鱼块）应保持完整。必要时可加少量水。不断品尝，确保香菜的苦味已被煮出。

8 如果使用藏红花，可在上菜前加入一点，轻轻晃动一下，让香味散开，关火，静置一分钟。可放在米饭上食用，配上腌制蔬菜。

柠檬鱼汤

MA' SOURA, معصورة

阿曼壮观的海岸线紧贴波斯湾。尽管财富不断增加，但这个国家仍保留着乡村历史中一些缓慢的手工模式。国家渔船队绝大多数由传统渔船组成，工业船只只提供一小部分渔获量。

阿曼的鱼类产量逐年上升，其中相当大一部分出口到亚洲。这种上涨与GDP增长息息相关，但还有另一个较为偶然的因素：阿曼曾向印度洋金枪鱼委员会报告说，渔获量的增加也与边境另一侧、冲突不断的也门的"捕捞压力放缓"有关。

阿曼地处贸易路线的要冲，其美食受到印度、波斯及非洲和地中海东部的影响。而贝都因人勤俭的传统意味着这里的美味是简约的而非炫耀奢华的。在我们的菜谱中，要先将鱼烤熟，然后将鱼肉从鱼骨上剔下来，同其他蔬菜一起做成丰盛的、酸辣的汤。食谱中使用了一整条红海金枪鱼，可以满足一个大家庭的需要。而

且，为了保持轻松愉快的氛围，食谱中没有列出规定的数量。除渔民外，大多数读者都不可能拥有整条金枪鱼，因此可以使用便宜的金枪鱼切块，或者用鲭鱼代替。

柠檬为这道菜增添了酸味，这是当地美食的特色。在近东食品店或特产香料店可以买到干的萨塔香料：如果找不到萨塔香料，可以用牛至、百里香、墨角兰代替，最好将这3种香料混合使用。

准备1个大家庭的美食，你需要：

米饭

1条小金枪鱼，或金枪鱼切块*

番茄，切碎

欧芹，切碎

青葱（大葱），仅绿色部分，切碎

萨塔香料

孜然粉

柠檬汁或酸橙汁

大蒜，切碎或磨碎
青椒和辣椒片
盐

步骤

① 将鱼（事先清洗干净并去掉内脏）放入烤箱彻底烤熟，也可以用烤架烤熟。

② 鱼烤好后，待其冷却，将鱼肉从鱼骨上去除，最好是切下来，以保留大部分鱼肉。最后剩些片状的碎块，增加鱼汤的口感。

③ 把葱叶煮软，沥干备用。

④ 将所有配料和鱼放入汤锅中，加水，小火炖煮，使水变少。根据需要加盐。当汤比您想要的多一点时（米饭会进一步增稠），关火并盖上盖子保温。

⑤ 煮米饭。米饭煮熟后，在锅中加入孜然和切碎的大蒜快速翻炒。炒出香味后，与汤混合，即可食用。您还可以用生姜、香菜和青柠装饰这道菜。

*食谱建议使用带骨的鱼，这样可以增加风味，如果没有整条金枪鱼，可以考虑使用鲭鱼。

143

吉皮亚帕酸橘汁腌鱼

厄瓜多尔海岸线相对较短，但却是东太平洋地区最大的金枪鱼捕捞国，捕捞量占该地区三分之一以上。金枪鱼加工和罐头生产主要集中在马纳比省，港口城市曼塔被视为该国的金枪鱼之都。

虽然厄瓜多尔菜肴尚未达到秘鲁菜肴那样的知名度，但它同样融合了本土、西方和现代日本传统。与利马一样，基多和瓜亚基尔也盛行现代民族菜肴，根茎类蔬菜和其他地方不常见的玉米品种增强了冒险精神。在厄瓜多尔和秘鲁，尤其是在这两个国家的沿海地区，酸橘汁腌鱼跨越了城市之间的鸿沟，在冷的柑橘腌料中"烹饪"生鱼的技术是相同的，不同的是配料。厄瓜多尔的做法通常是有更多的汤汁，保留了更多的腌泡汁，而且不那么辣。在厄瓜多尔，通常会加入番茄甚至番茄酱，而在秘鲁，更正宗的版本占主导地位。秘鲁人将这道菜与玉米或薯类一起食用，而厄瓜多尔人则经常与绿芭蕉一起食用。

马纳比省吉皮亚帕镇（Jipijapa）的版本使用的是鲣鱼（bonito）——一种价格更便宜的鱼，在生物学上徘徊在金枪鱼家族的边缘。从黑海到太平洋，鲣鱼在世界各地都很受欢迎。在日本，鲣鱼被称为"katsuo"，经过发酵、烘干和切片后制成调味品本鱼花：看起来很像铅笔屑，撒在温热的食物上，碎鱼片在空气中翩翩起舞。

在厄瓜多尔的吉皮亚帕酸橘汁腌鱼菜肴中，使用了花生酱配鲣鱼。按照本书的经验规则，您可以使用商店里买来的东西，或者更豪爽地自己制作。

Patacones是芭蕉片。对于读到这篇文章的人来说，找到芭蕉可能是最难的工作。就算您买不到芭蕉，也不要用含糖香蕉来代替，可以选择一些优质的玉米片。但如果你买到了芭蕉，就像切香蕉一样将它切成片，撒上少许盐，再撒上面粉，然后放入植物油中炸至金黄。沥干多余的油，然后将芭蕉片放在两张厨房用纸之间，用刮刀或罐子底部将其压成薄片。将芭蕉片重新煎至酥脆，再次沥干油，就大功告成了。

准备**4人份**的美食，你需要：

1千克鲣鱼，切丁，只取瘦而干净的部分

1打柠檬
（厄瓜多尔人会使用一种叫做"苏蒂尔柠檬"的柑橘品种，但青柠也完全可以）

1个大番茄或2个小番茄，切碎；一些番茄浓缩汁

1个洋葱，切碎

1个牛油果，切丁

橄榄油

新鲜芫荽
（香菜）

芥末

粗海盐

制作花生酱

1把生花生
半勺糖
1/3勺盐

步骤

1 用柠檬汁浸泡鱼，腌制2小时。

2 制作花生酱。将花生放入煎锅中干炒，并不断搅拌以避免炒焦，直至颜色变深、香味四溢。将其倒入食品加工机中，加入橄榄油、糖和盐搅打，直至形成浓郁的半固体糊状物。

3 当鱼变色不再半透明时，将其分成4份，每份放在一个深盘中（玻璃盘子或大玻璃碗会使菜看更美观）。用勺子将柠檬腌汁和一些橄榄油淋在鱼上。

4 在盘子边缘加入其余配料：牛油果丁、洋葱碎、番茄碎、番茄浓缩汁、芥末酱和花生碎。用新鲜香菜和粗海盐点缀。

亚马孙流域的**河鱼**

在我们大多数烹饪书的读者和作者都没有经历过的漫长岁月里，亚马孙河对其周围的地貌进行了洗牌和重塑，曾经是河流的地方形成了湖泊，并导致无数河流生物的基因发生了变化。在这里河岸崩塌与河岸上升一样频繁，湖泊消亡和湖泊形成并存。分化后的动物重新融合，这种进化上的相互作用赋予了亚马孙流域惊人的生物多样性。在现在的巴西及其邻国的土地上，数以千计的特有鱼类千百年来一直养活着土著居民。近几百年来，随着人口的流动和美食疆域的扩大，其中一些鱼类已不再局限于原住民的餐桌，而是被带到了更远的地方。但整体来说，亚马孙的鱼总归是代表亚马孙的，而不是代表其他地方。2021年初，人们发现佛罗里达州附近海域漂浮着一条巨骨舌鱼，有人担心美国南部又要面对另一种入侵物种。但更有可能的情况是，这条鱼被当作外来宠物饲养，然后被毫无生气地丢弃在那里。

巨骨舌鱼

巨骨舌鱼属

　　早在20世纪90年代末，人们就认为世界上最大的淡水鱼之一，巨骨舌鱼（*Arapaima gigas*）濒临灭绝。20年后，由于巴西土著社区实施了严格的管理计划，这种鱼的数量猛增了近10倍，达到近20万条。巨骨舌鱼的名字来源于图皮语，在秘鲁它被称作"paiche"。目前，只有在每年的下半年即非交配季节，才允许捕捞巨骨舌鱼。通过合作社的集中销售，渔民们每千克获得的报酬是直接在当地市场销售的两倍。即便如此，偷猎现象依然猖獗，并且涉及更广泛的犯罪和环境破坏等问题。

　　巨骨舌鱼是一种肉食性掠食者，它在多个方面都很奇特——当然包括体型方面。它最长能长达3米，重达200千克（但正常情况下只有这个数据的一半左右）。此外，它还具备一些带有神话色彩的特征：蟒蛇般的身体、布满牙齿的舌头、能像人类一样呼吸空气。这种神话色彩也体现在土著传说中，这些传说将巨骨舌鱼塑造成一名战士，因战败而被变为鱼。

了解你的鱼

营养成分表

从整体上看，巨骨舌鱼看起来像是半爬行动物。头部瘦骨嶙峋，和身体比显得很小，在解剖学上极不协调，就像儿童画一样。但在坚硬外皮的防护下，巨骨舌鱼的肉呈现出令人愉悦的玫瑰色。

巴西营养学家对巨骨舌鱼背肌和腹肌的分析表明，其含有27种有益的脂肪酸。随着巨骨舌鱼的存量恢复到健康水平，这种鱼已经出现在巴西沿海城市餐厅的菜单上。尽管如此，巨骨舌鱼仍然是一种地方性很强的鱼类：必须在其原产地烹饪，并保证可追溯性。如果在国外复制巨骨舌鱼菜肴，则必须用可持续的替代品代替，鳕鱼是不错的选择。虽然是河鲜，但巨骨舌鱼的风味更接近于海鲜。事实上，早期的欧洲移民将巨骨舌鱼称为"亚马孙鳕鱼"，他们发现，腌制和晾晒巨骨舌鱼的方法与腌制鳕鱼一样。

新鲜的巨骨舌鱼，捕获于巴西朗多尼亚州

项目	每 100 克
能量	106 千卡
蛋白质	20.6 克
钙	13.1 毫克
铁	0.1 毫克
锌	0.6 毫克
维生素 A（视黄醇）	16 微克
维生素 D_3	微量
维生素 B_{12}	1.4 微克

亚马孙鱼炖

MOQUECA AMAZÔNICA

　　这道菜的起源可以追溯到安哥拉菜系，能与经典的法式炖菜相媲美。亚马孙鱼炖与巴西的大城市巴伊亚州萨尔瓦多市有着密切的联系，而萨尔瓦多市的居民大多是非洲后裔，这种渊源很可能是亚马孙鱼炖与路易斯安那州的海鲜浓汤有些相似之处的原因。使用红棕榈油（dendê）是非洲裔巴西人烹饪的一大特色，它为许多巴伊亚菜肴增添了浓郁的热情。如果您能买到可持续生产的巴西棕榈油，那就用它吧，如果买不到，橄榄油也可以。至于鱼，我们建议在十份巨骨舌鱼或鳕鱼中加入一份黑线鳕（最好是熏制的）。这样，黑线鳕鱼实际上就变成了一种鱼类调味品。

准备**4人份**的美食，你需要：

60克黑线鳕，熏制或非熏制，切丁

150毫升椰奶

400克去皮番茄

600克巨骨舌鱼或鳕鱼排，切成5厘米的大块

3个红洋葱，用盐开水烫软

1个白洋葱，切碎

1个辣椒，根据口味去籽或不去籽

1把欧芹、莳萝、香菜、细香葱，1根手指长的干海带，混合切碎

100毫升红棕榈油或煎炸用的橄榄油
盐和胡椒

1小撮肉豆蔻碎

步骤

1 用盐、胡椒粉和肉豆蔻给鱼块调味，将一半切碎的洋葱和一半切碎的香料同鱼放在一起，放入冰箱冷藏1小时。

2 在一个大平底锅中，将黑线鳕鱼丁与剩下的洋葱碎一起翻炒，直到洋葱变成半透明状。加入调味后的巨骨舌鱼肉，继续用中火煎炒3分钟左右，直至鱼肉变得金黄。

3 倒入去皮番茄和椰奶，加入辣椒。用叉子把番茄捣碎。将混合物煮沸，然后加入烫软的红洋葱。尝一下味道，根据需要调整盐量。

4 再煮3分钟左右，然后熄火。撒上剩余的香料，配上米饭或其他淀粉类食物——玉米粥或以巴西木薯为原料的烤木薯粉。

点鳍红眼脂鲤

大盖巨脂鲤

点鳍红眼脂鲤可以说是亚马孙河流域最重要的食用鱼。从外观上看，它又大又扁，长达一米，形状像一个大的肉质钻石。现在，这种鱼已被引入亚马孙河以外的地区，在其他国家的水产养殖场也能买到。虽然截至本书撰写时，这些地方还不多。

点鳍红眼脂鲤勉强算得上是杂食动物，主要以水果和坚果为食：它大口大口地将落在水面上的水果和坚果吞下，然后在排泄时散播种子，以报答恩情。落单的蜗牛和昆虫也是它的食物。

在野外，点鳍红眼脂鲤更喜欢森林中清澈的水域。而到了产卵的时候，它则会喜欢更汹涌的环境，会游到湍急的河流中。不过，这种鱼的适应能力相当强，可以忍受缺氧甚至轻度盐碱的环境。它的生态可能取决于栖息地，也取决于它的颜色。

了解你的鱼

　　你在鱼市上看到的点鳍红眼脂鲤可能是灰色的，也可能是淡黄色的，甚至可能是红色的（红色的点鳍红眼脂鲤最有可能是在巴西城市玛瑙斯，那里是亚马孙食品的主要市场）。它们的腹部和两侧还可能有深色斑点，这是其亚种淡水白鲳的典型特征。眼睛凸出，牙齿锋利，肉质洁白紧实，非常适合烧烤，其甜味主要归功于这种鱼以水果为食。如果买不到点鳍红眼脂鲤，那么海鲈鱼也是很好的替代品。

153

点鳍红眼脂鲤砂锅

我们的点鳍红眼脂鲤食谱继承了土著传统：此处的"砂锅"（tuma）指的是在"kadakura"（圭亚那人对木薯水的称呼）中烹饪肉或鱼。木薯（cassava）有很多别名，北美读者可能管它叫尤卡（yuca）或巴西箭芋，讲法语的读者可能会叫它树薯（manioc）。在许多发展中国家，木薯是碳水化合物的可靠来源。如今，即使在非木薯产地的地区，也很容易获得木薯。但是，食用木薯前需要充分浸泡以消除毒性（木薯含有微量氰化物），然后将木薯磨碎并过滤以提取木薯汁。圭亚那土著居民会使用一种叫做"Matapi"的圆柱形篮子来完成这项工作。这些准备工作意味着您最好在以下情况下尝试制作本砂锅：①有时间和精力；②有足够多的人来吃，这样前面费的工夫才值得。根据这一逻辑，我们的食谱列出了八个人的份量，您可根据实际人数进行增减。

您可能已经注意到了，本书采用的是自制方法烹饪美食，原则上来说店里买来的蛋黄酱等不可能像自己在家做的那样好吃或有营养。不过，考虑到点鳍红眼脂鲤食谱所蕴含的用心程度，在外地烹饪时，如果您能找到现成的木薯水，不妨直接买来用。

准备**8人份**的美食，你需要：

1条重约2.5千克的点鳍红眼脂鲤或海鲈鱼，洗净去头，纵向切成两半

1头（或者6瓣）大蒜，切碎

不超过5千克的木薯根，或2升现成的木薯水

2个洋葱，切碎

150克切碎的芹菜、香葱、罗勒和百里香

8个完整的圭亚那樱桃辣椒（或其他辣椒），2个切开的同品种辣椒
（如果您喜欢吃不那么辣的食物，请减少数量）

2勺盐

步骤

1 将木薯根去皮，在水中浸泡至少几个小时。泡好后把水倒掉，然后将木薯根晾干，碾碎，用力挤压榨出汁来。将汁液在冰箱里放置一夜，它会沉淀并形成淀粉。剩下的木薯碎可以烤成面包，与菜肴一起食用。

2 从冰箱中取出木薯汁液，煮沸以去除毒性。汁液沸腾后会起泡，收集顶层起泡的部分直到锅中没有液体为止。将收集到的液体保存在一个容器中，这就是您的木薯汁（kadakura）。留下的浓稠残渣被称为"cassareep"，是圭亚那烹饪中另一种受欢迎的配料。

3 在两片鱼的每面刷上少许油，撒适量盐，再抹上一些切碎的香料。将鱼放在大铁板或烧烤架上烤，烤到外焦里嫩。

4 将木薯汁倒入另一个锅中，加入洋葱、大蒜、剩余的香料、切碎的和完整的辣椒、一小撮盐，重新煮沸。

5 将烤鱼切成大块，放入木薯汁中。再煮6～8分钟，与面包或任意你喜欢的淀粉类食物一起食用。

苏鲁比鱼

鸭嘴鲇属

苏鲁比鱼（巴西语：surubim）是亚马孙河流域中的一种大型斑点鲇鱼，也分布在南美洲的其他流域中。在玻利维亚和巴拉圭的饮食中，鸭嘴鲇属的几个物种（目前公认有8个）占重要地位。

现在的多民族玻利维亚国在19世纪末就没有沿海区域了，巴拉圭从未有过沿海区域，这是南美洲仅有的两个内陆国家，河流对这两个国家都至关重要。多民族玻利维亚国在亚马孙河水系的南部；巴拉圭则由同名的巴拉圭河、巴拉那河及其支流组成（苏鲁比这个名字来自巴拉圭的土著语言瓜拉尼语，也是巴拉圭的官方语言）。

像其他地方一样，这里的干旱天气日益频繁，气候变化正在破坏环境和经济。2021年9月，承载着巴拉圭大部分国际贸易和电力供应的巴拉那河水位降至近80年来的最低点。如果将整个地区的水坝建设和过度捕捞考虑在内，河流中的物种所面临的直接威胁可能会非常严重。

了解你的鱼

　　我们食谱中的斑点苏鲁比鱼（苏鲁比鱼，大西洋马鲛，南美鸭嘴鲇）味道清淡，属于大型鲇鱼，体长可达 1.5 米或更长。这是一种英俊的野兽——巴西人称其为银汉鱼，或国王鱼，有着长长的波浪形胡须，身上的斑纹让人联想到蜿蜒奇特的墨水滴。苏鲁比鱼也面临过度捕捞。

　　养殖的斑点苏鲁比鱼通常与另一个物种网纹鸭嘴鲇杂交，从而使个体的繁殖周期更长。在某些情况下，由于控制不力，杂交种又回到了河流系统中。据了解，这些杂交种又会与其亲本野生物种中的一种或另一种杂交，扰乱生态系统，使物种识别变得复杂。考虑到现状、可获得性和识别的层层难题，我们建议烹饪时使用鮟鱇或比目鱼代替。

砂锅鱼

CHUPÍN DE PESCADO

在巴拉圭及阿根廷和乌拉圭，chupín源自Genovese ciuppin，这道菜一半是汤、一半是炖菜，用鱼和剩面包制作而成。意大利各个地区都有许多充分利用不新鲜面包的乡村食谱，如托斯卡纳（以及更广泛的意大利中部地区）的面包沙拉（panzanella）或番茄面包粥（pappa al pomodoro）。其中的一些食谱被利古里亚移民传到南美洲。在巴拉圭，这道菜使用了土豆。

巴拉圭奶酪（queso Paraguay）是一种完全软或半软状态的凝乳干酪。在大多数国家，无论是国内生产还是进口，同类产品都应该很容易获得。

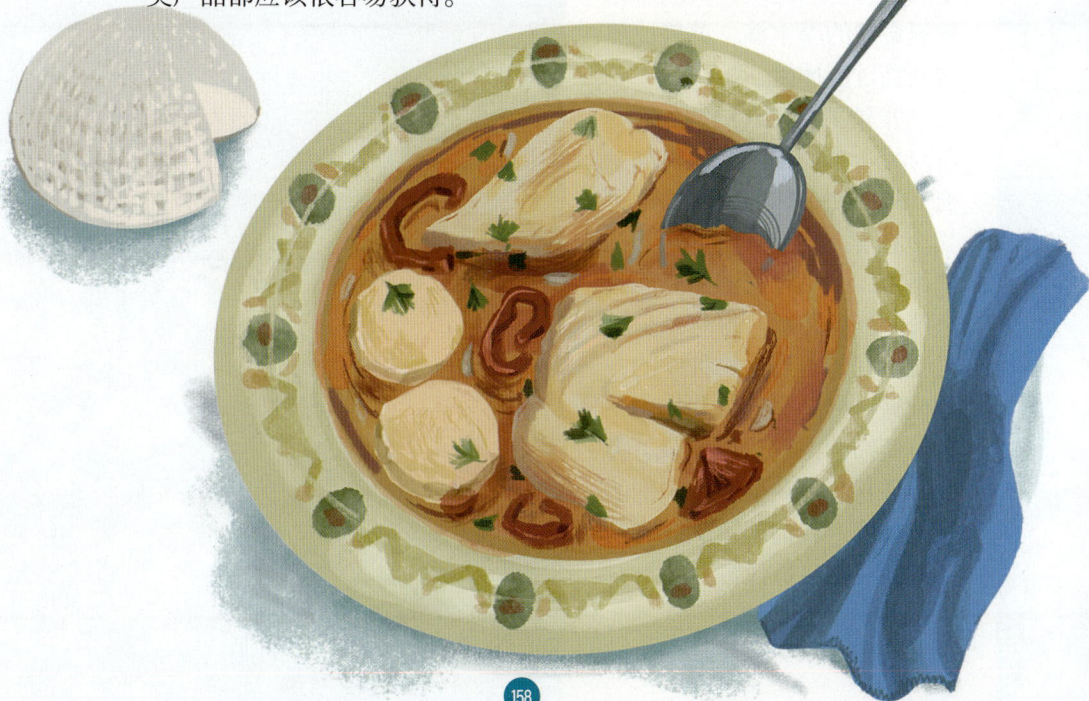

准备**4人份**的美食，你需要：

4块鮟鱇鱼片(代替苏鲁比鱼)，每片约200克

4个番茄，切丁

4个中等大小的土豆，切厚片

4瓣大蒜，切碎

400克奶油

400克巴拉圭或其他凝乳奶酪，切丁

3个洋葱，切薄片
2个辣椒，切丁

1大块黄油

步骤

❶ 在烤盘上涂上黄油，铺上土豆片，然后将鱼片放在上面。用盐和胡椒调味。

❷ 将切碎的大蒜撒在鱼和土豆上，然后将洋葱片、辣椒和番茄铺在上面。确保完全覆盖，不留缝隙。

❸ 倒入奶油，将切成丁的奶酪撒在盘子上。冷藏1个小时，让奶油渗透进来，使味道融合。

❹ 在160°C左右的烤箱中烤40分钟左右，直至烤熟（具体时间和温度取决于您的烤箱）。趁热食用。

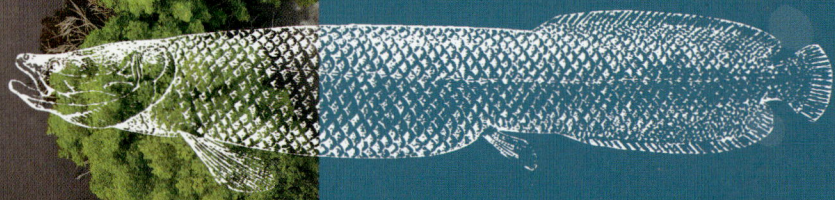

很高兴你们中至少有人能来。

是的，不幸的是，点鳍红眼脂鲤和苏鲁比鱼另有要事。至少，点鳍红眼脂鲤是有事儿，而苏鲁比鱼却没有回来。事实上，我很担心——我们最近没看到太多关于它的消息。过度捕捞，你知道的。

我很清楚，很遗憾。不过你巨骨舌鱼，卷土重来，真是壮观啊。

我知道。这说明了正确的政策有多重要，对吧？尤其是当这些政策是和当地人一起制定的，而不是和当地人所对立。

有一种说法是，你很像鳕鱼……

也许吧。但我们没有交集。我纯粹是河里的生物。

……你曾经是纳拉族的一名年轻战士，虚荣而邪恶，受到众神的惩罚。

如果有，那也是很久以前的事了，我不记得了。就像你之前说的，我差点就灭绝了，几乎没人记得我了。无论如何，如果我做错了什么，我很抱歉。你知道人们常说，不要重提父辈的罪孽。

当然在我们结束之前，由于点鳍红眼脂鲤无法出席，你想代表它说几句话吗？

事实上，我有点鳍红眼脂鲤的留言，让我读给你听吧："请送来水果和坚果"。

我不确定我是否带了这些。

好吧，至少试过了。

鱼类访谈

亚马孙流域的河鱼

水生甲壳类动物

从骨螺分泌奢华的泰尔紫颜料，到犹太教禁止食用无鳍无鳞的鱼类；从珍珠的魅力——牡蛎对外来入侵的反应，到贻贝和蛤蜊的庸俗寓意；从龙虾长生不老的传说到巨型海虫的噩梦；从壮阳功效（假的）到严重的过敏反应（真的）……在人类有记录的历史中，大部分时间里水生甲壳类动物都集中了人们的幻想、焦虑和禁忌。这是因为它的确令人兴奋。

与本书中描述的大多数鱼类不同，我们与水生甲壳类动物（它甚至不是真正的"鱼"，但下文会详细介绍）的相遇是一场精神之旅。几乎没有人一出生就喜欢吃它们，我们是后天学来的。说是后天学来的，您可能会理解为，我们对它们的喜好是一蹴而就的，但其实不然，我们是逐渐喜欢上它们的，就像吸烟者逐渐喜欢上香烟一样。当然，水生甲壳类动物不会比香烟更致命——尽管有时会很不幸地要了我们的命。但幸运的是，在除此以外的情况下，它们只能让我们忘了自己。众所周知，多莫酸是一种海洋生物毒素，会潜伏在双壳水生甲壳类动物体内，一旦被哺乳动物食用，就会导致失忆性贝类中毒，这是一种不可逆的失忆形式。

吃鱼让我们感到快乐，而吃水生甲壳类动物却让我们心惊胆战。与其说它们能给我们带来快乐，不如说是在和我们变戏法，使我们回忆起一阵海风、沙滩上硌脚的贝壳碎片、初学游泳时呛的一口盐水。艺术作品里，维纳斯常被描绘在扇贝壳中；正是扇贝壳指引朝圣者前往圣地亚哥—德孔波斯特拉。丰饶与美丽、复仇与超越、和外界的联系……如果说鱼仅代表事物本身，那么水生甲壳类动物代表的是背后的隐喻。很少有人吃牡蛎是为了填饱肚子（尽管在日本，裹上面包和油炸牡蛎的做法确实让牡蛎看起来很像鱼条），吃牡蛎是为了唤起食欲。我们不是在咀嚼牡蛎，而是它们像彗星一样在我们的口腔中穿梭，散发出矿物质的气息。用西莫斯·希尼（Seamus Heaney）的话说："我的味蕾挂满了星光，当我品尝到咸味的昂宿星时，猎户座把脚伸进了水里。"

黏液状、硬板状、虫眼状或触角状，水生甲壳类动物的魅力不可避免地包含着令人排斥的内核。软体动物可能会让我们联想到花园里的鼻涕虫或鼻腔分泌物，甲壳类则会让我们联想到各种爬行动物。事实上，虾和龙虾作为"Tetraconata clade"的成员，在基因上更接近蟑螂，而不是鱼类。在所有水生甲壳类动物中，最稀有、形状最奇特、价格最昂贵的可能是在伊比利亚海岸发现的鹅颈藤壶（*Pollicipes pollicipes*），它们看起来就像一束束分了节的恐龙脚。水生甲壳类动物会给我们的身体和心理造成障碍，但是想想剧烈跑步释放的内啡肽，想想抽象艺术带来的精神乐趣，想想破解密码给大脑带来的兴奋感觉，最美好的快乐就是那些来之不易的快乐。

同其他地方一样，在这里，努力与价值息息相关。由于获得贝类比较困难，直到19世纪，世界各处都有一些地方把贝类用作货币：可以说，贝类是那个时代的比特币。时至今日，在中文和日语文字中，"贝"字也表示货币，或作为表示货币交易字中的一个部首。

除了与商业活动关系密切，贝类还以看不见的方式维持着我们的生活。软体动物是滤食者，它们中和污染物，控制藻类数量，它们的存在还体现着生物多样性这一热点话题。但事实上还不止这些。近年来，随着气候变化的挑战加剧，我们开始意识到软体动物的碳封存能力。一些研究表明，与植树造林相比，养殖贝类可能是一种更有效的气候应对行动，而且只需投入相对较少的灌溉、食物或肥料。此外，有研究表明牡蛎还能永久性地清除碳，或者"吸收"碳。换句话说，吃牡蛎可能是您能为环境做的最好的事情之一（请注意，这并不代表您可以不用再做垃圾分类了）。

可惜的是，本节内容中并不包含牡蛎食谱。虽然油炸或烧烤牡蛎也是一种美味，但在这里我们建议将牡蛎加入以焦糖为基础的智利鱼类菜肴中。不过，生牡蛎的味道还是无与伦比的。可能会有人向您推荐柠檬汁、醋、塔巴斯哥辣酱、伍斯特酱、葱花、橙醋或其他调味品，我们建议您一概拒绝。除非与其他烹饪方式相结合，否则生牡蛎不应该被驯服、限定或改变。就像一杯酒，它不需要任何装饰，它是一个体验的闭环，一个味觉的莫比乌斯环。当然它的壳除外，您需要做的只是将它轻轻地从壳里刮出来即可。

龙虾

螯龙虾

与经久不衰的神话相反，龙虾并非不死之身。虽然龙虾没有生物钟，但它们会自然死亡。在这一点上，它们与大多数生物不同：龙虾并没有传统意义上的衰老，而是最终屈服于反复的、日益耗竭的蜕变——即蜕壳并重建其强大的外壳。在脱掉旧壳和长出新壳期间，它们柔软的肉体很容易成为猎物。

撇开死亡和上述弱点不谈，研究表明龙虾具有很强的适应性和复原力。位于马萨诸塞州的非营利机构伍兹霍尔海洋研究所（Woods Hole Oceanographic Institution）发现，在其他海洋生物（包括珊瑚）可能会腐蚀和溶解的情况下，龙虾却能在人为海洋酸化（这是人类活动造成的二氧化碳积累毒害海洋生物的过程）的影响下长出更厚的壳。丹麦的一项独立研究发现，近海风力发电厂的水下索具是龙虾最喜欢的繁殖地——这是一项在环境保护上双赢的研究。

如今，关于龙虾是否会感到疼痛的争论仍在继续。一种观点认为，龙虾本质上是同昆虫一样的节肢动物，它们没有大脑，没有皮层，它们在被煮熟时（就像一直以来那样）的颤抖只是反射动作，而不是痛苦的表现。当然，也有很多文献的观点与此相反。在撰写本报告时，新西兰、挪威和瑞士这些动物福利方面的先锋国家都已禁止将活龙虾烫死的做法。意大利的美食中心，同时也是欧洲食品安全局（EFSA）所在地帕尔马市也颁布了市政条例来禁止这种做法。其他地方也在酝酿类似的立法。

鉴于此，在我们有更多对龙虾的了解之前，我们强烈建议您站在人道主义的一边：请在烹饪龙虾之前将其击昏或杀死；即使您所在的地区法律没有规定您必须这样做。有些司法管辖区还规定冷冻活龙虾是违法行为——这就更有理由让您的龙虾保持新鲜。

了解你的鱼

龙虾闻起来应该是几乎无味的，散发着法语中被称为"vivifiante"的海洋芬芳，就像海风一样，让人精神焕发。

鉴于您不太可能用电击晕龙虾，所以要想快速杀死龙虾，可将厨师刀插入龙虾头部底端，靠近龙虾"尾巴"（身体）的交接处，然后迅速下刀，将龙虾的头部竖着劈成两半。煮熟后（注意不要将龙虾煮得过熟，这样会使龙虾肉丧失弹性）切下头部。将龙虾尾部翻转过来，轻轻压平，然后按压两侧，使龙虾外壳破裂。将爪子从指节上拧下来，要吃到里面的肉需要用刀在爪子两侧各敲几下，将壳拧下来，小心翼翼地拉动小钳子，龙虾壳应该会连同龙虾筋一起脱落，剩下的就是一块完整、鲜嫩、甜美的爪形肉了。剥下来的龙虾壳和黏糊糊的残渣可以冷藏一天，用来制作贝类高汤或浓汤。

关于挪威海螯虾（*Nephrops norvegicus*），虽然有时被认为是龙虾的一个小品种，但其实更准确的说法是螃蟹的一种。它们的营养成分就像营养补充剂的标签：维生素B$_{12}$、硒、钾、铜、碘，而且脂肪含量极低。食用方法很简单，把它们从背部劈开，放在烤箱里烤几分钟，直到肉从半透明变成白色就可以了，也可以蒸或者烧烤。食用时，可以泼点橄榄油，撒点盐，或者放几粒酸豆和一点柑橘汁。尽管做法简单，但挪威海螯虾对我们大多数人来说是特殊场合的食物：挪威海螯虾的虾肉重量分比仅为20%，而龙虾则为50%左右。挪威海螯虾的味道非常诱人，但价格却高得离谱。

营养成分表

新鲜的眼斑龙虾肉

项目	每 100 克
能量	91 千卡
蛋白质	19 克
钙	37.8 毫克
铁	1.1 毫克
锌	3.1 毫克
碘	24 微克
硒	45 微克
维生素 A（视黄醇）	3 微克
维生素 D$_3$	0 微克
维生素 B$_{12}$	2.2 微克
ω-3 多不饱和脂肪酸	0.13 克 *
EPA	0.06 克 *
DHA	0.07 克 *

* 该数据来自相似物种：新鲜的美国龙虾肉

©David Clode on Unsplash

165

番茄龙虾意面

美国人消费的绝大多数龙虾（这可不是个小数目）都是在缅因州附近捕获的。2021年，由于消费需求在新冠疫情后的第一年有所回升，龙虾产值达到创纪录的7亿多美元。按重量计算，捕获量基本稳定在4.5万吨左右，这是40年前捕获量的五倍。东北沿海水域变暖被认为有利于龙虾的生长（尽管人们担心危机可能也近在咫尺）。鳕鱼是龙虾的主要天敌，鳕鱼的减少可能进一步解释了近几十年来龙虾丰收的原因。

本节中的龙虾食谱来自美国电视厨师和烹饪作家卡拉·拉利·缪希奇。在她的著作《烹饪开始的地方》一书中，她从意大利传统中汲取营养，创造出时尚而简约的菜肴。虽然给龙虾剥壳可能需要一些技巧，但更大的挑战在于不要把意大利面煮得太熟——意大利人认为几乎所有人都会犯这样的错误，这并非毫无道理。

我们对缪希奇的食谱进行了改良，使用蒸龙虾的水来煮意大利面增加风味。如果您喜欢辣味，我们建议在酱汁中加入辣椒；如果不喜欢吃肉，可以在酱汁中加入卡拉布里亚辣味腊肠酱。

准备**2人份**的美食，你需要：

1只活龙虾

3个大号的牛番茄

250克干的意大利面
或扁面条

4瓣大蒜，切片

盐和胡椒

1把罗勒
叶，撕碎

1块黄油(可选)

步骤

1 按照前文所述的方法劈开龙虾的头部，将其杀死。在一个大锅中倒入5厘米深的水，加盐并煮沸。然后将龙虾放入水中或蒸笼中，盖上锅盖。如果龙虾是放在水中，则煮6分钟；如果是放在蒸笼中，则煮8分钟，直到龙虾半熟为止。

2 取出龙虾，敲碎外壳，取出龙虾肉，注意保持龙虾爪完整。将龙虾尾切成一口大小的块，盖上保鲜膜备用。

3 煮过龙虾的水不要倒掉，添入更多的清水和盐，再次煮沸。

4 从每个牛番茄的底部切下一片，然后握住番茄的茎部，用刨丝机（有大孔的那一面）将番茄刨到一个大碗里。丢掉表皮。

5 在一个大平底锅中，用中火加热橄榄油（也可使用黄油），放入切碎的大蒜翻炒，直到炒出蒜香。如果使用辣味腊肠酱或任何辣椒，也可在此时加入。放入番茄碎，用盐和胡椒调味。煮10分钟左右，让酱汁变浓变稠。加入罗勒，离火。

6 将意大利面放入沸水锅中。水再次沸腾后，比包装上写的煮面时间少煮3分钟——面条应该非常柔软，处于可食用的临界点，稍后面条会在酱汁中继续烹煮。

7 将盛酱汁的锅重新放在炉灶上，开到中火，将意面倒入其中，必要时加入少许意面水。煮几分钟，直至意大利面条变软，然后放入龙虾，龙虾肉温热后即可食用。上桌时，确保两位用餐者都能吃到自己的那份龙虾。您可能需要再添上一点橄榄油和胡椒粉。为了增加脆度（这也是我们自己的创意）您还可以撒上刚炸过的面包屑。

贻贝和蛤蜊

贻贝科、帘蛤科

贻贝和蛤蜊的种类繁多，对于是否把它们归为一类，目前仍存争议，虽然它们区别很明显，但也经常被混为一谈。两者都是双壳类动物，牡蛎和扇贝也是。它们的外壳由碳酸钙组成，会不断扩大外壳以适应自己的成长（正如人类进入青春期和成年期时，需要扩大童年时期的房间）。贻贝多生长在海边悬崖和河岸，很容易在延绳钓、管状网或很古老的海洋木筏上生长。全球的贻贝基本上都是水产养殖的，大多数来自中国。但是，贻贝的主要消费市场在欧洲，有些贻贝也在欧洲生产。

与贻贝不同，蛤蜊属于底栖动物，生活在沉积物中。它们也可以被养殖，但养殖规模小，养殖周期一般较长。在捕捞野生蛤蜊时，需要在海底中一个一个地挖出蛤蜊：总而言之，它们比贻贝贵得多。

在全球大部分地区（包括地中海部分地区），挖蛤蜊通常是女性的工作，得到的薪水经常只能勉强维持生计。在突尼斯，该行业仍存在严重的性别差异，该国约有4000名女性在近20个地点挖蛤蜊。在加贝斯和斯法克斯沿海城市附近，粮农组织一直与挖蚌者协会合作，推动女性与进口商直接联系，从而消除中间商的盘剥。进口商直接支付给挖蚌者的价格相对更高且更有保障。同时，她们只采较大的蛤蜊以获得额外报酬，这也使供应更具有可持续性。关于食材处理和食品安全的培训也是一揽子计划的一部分。

受当地品种的影响，蛤蜊有不同的用途。在美国，这些蛤蜊通常是罗德岛的硬壳蛤，是著名的杂烩汤材料；在日本，人们使用色彩斑斓的马尼拉蛤（Manila clams），用于烹制一种名为"日本蛤蜊汤"（ushiojiru）的清汤；在西班牙，蛏子与温热的橄榄油和大蒜搭配非常合适，但与果酱和烤杏仁搭配也同样出色；在法国，泛着黄色光泽的蛤蜊（palourdes），被抹上黄油和香菜；在意大利，颜色更深的蛤蜊（vongole）与意大利面一起搅拌，加入少量大蒜、辣椒和白葡萄酒，再加上风干猪面颊（guanciale）或培根（可任意添加），整个菜肴就更丰富了。猪肉和蛤蜊在葡萄牙的月桂香味海陆炖菜（porcoà Alentejana）中愉快地碰撞。

相比之下，贻贝是一种简单、经济的食物。虽然贻贝的种类和用途可能没有蛤蜊那么多，但它们的口感并不比蛤蜊差，通常肉质更鲜美，富有弹性和嚼劲。此外，贻贝还富含铁，钠含量较低，因此您需要注意盐的摄入量。它们均匀饱满的外表还提供了一种可重复的快乐——用一个贝瓣把它从另一个贝瓣中挖出来，这种乐趣让孩子们着迷。

了解你的鱼

您需要提前将蛤蜊浸泡在加盐的冷水中长达四小时，在此期间，蛤蜊体内的沙子会被排出，水

营养成分表

新鲜的地中海贻贝肉，养殖

项目	每 100 克
能量	65 千卡
蛋白质	8.3 克
钙	59.5 毫克
铁	2.5 毫克
锌	1.9 毫克
碘	140 微克
硒	49 微克
维生素 A（视黄醇）	68 微克
维生素 D_3	0 微克
维生素 B_{12}	14.2 微克
ω-3 多不饱和脂肪酸	0.40 克
EPA	0.21 克
DHA	0.16 克

中会产生气泡，换一两次水。如果排出了很多沙子，可以把每个蛤蜊轻轻地扔到厨房水槽的边上，把最后的沙子逼出来。做完这些后，如果蛤蜊看起来需要擦洗，就用冷水擦洗。在本书中，我们还提供了一份将蛤蜊与鱼、蟹和其他甲壳类动物搭配的食谱。

由于绝大多数贻贝来自水产养殖，因此一般需提前处理，无需浸泡。将它们放在冷水中冲洗，或再快速擦洗一下，就能去除任何残留的沙子或沙砾。最后，你可能需要把"胡须"扯掉，专业术语叫"足丝"（这些细丝曾被当作海丝用于纺织品，其实是贻贝分泌的，用于将其与栖息地结合在一起）。和所有的双壳贝类一样，扔掉任何开口或受热后不开口的贻贝。此外，还要注意不要久放，贻贝比蛤蜊更容易变质。

书中的两种贻贝食谱分别来自南半球和北半球。这两道菜都是显而易见的安慰食品，任何关于贻贝的食物都应该是安慰食品，但又有所不同。其中一道菜秉承了大西洋沿岸国家的传统。另一道则融合了原住民与现代美国和日本的影响。

比利时风味青口贻贝

MOULES À LA BELGE / MOSSELEN OP Z'N BELGISCH

贻贝加薯条很可能是比利时美食最简单的代表。

这并没有减少这道菜的美味和对美好的唤起性——在一个雾蒙蒙的周六晚上，在奥斯坦德或泽布鲁格的大风中，在码头和旋转木马上，在一个温暖、简陋的油炸小摊旁。比利时人十分喜爱这道菜，平均每人每年要吃掉4千克贻贝，是全球平均水平的20倍；在7月的国庆日，比利时各大城市都会举行盛大的、贻贝主题的户外晚宴——以至于几乎无人在意最喜欢的贻贝来自哪里，即边境对面的荷兰西兰省。

"我向我的命运出发，突然间，啤酒的香味、炸薯条和来自大海的贻贝把我拉进了一家小酒馆……"朋克歌手香索尼埃·阿诺唱道，他在奥斯坦德的一个弗莱明家庭长大，但在法国度过了他的艺术生涯。在实行双语联邦制的比利时，无论用啤酒炖贻贝，还是用咖喱酱炖，或者像我们的食谱一样，用葡萄酒、蔬菜和香草炖，都是一种跨区域的美食。

至于薯条，毫无疑问，您会对基本的制作过程有自己的想法。但要记住，在比利时，涂上厚厚的蛋黄酱几乎是一项法定要求。

准备**2人份**的美食，你需要：

2个胡萝卜

1千克贻贝，洗净

2个韭葱

1个洋葱

烹饪用的橄榄油

2瓣大蒜，捣碎

1束香草：欧芹、月桂叶和百里香，用绳子捆在一起

1杯水

1杯干白葡萄酒

盐和胡椒

步骤

1 将2勺橄榄油和几瓣大蒜倒入深锅中（在比利时，传统上是用一个黑色搪瓷炖锅），将锅放在小火上。

2 将蔬菜切丁——这是所谓的"蔬菜配料"，并用盐和胡椒调味。将它们与洗净的贻贝一起放入锅中。

3 在锅中加入葡萄酒和水，煮至沸腾。盖上锅盖，煮至贻贝开口。

4 将贻贝捞出放入深盘中，用勺子浇上汤汁。配上炸薯条、蛋黄酱或蒜泥蛋黄酱。

绿唇贻贝油条

新西兰是毛利语中"kaimoana"（海鲜）的故乡，海鲜是这个历史悠久的航海国家土著文化的组成部分。一位朋友回忆起，她在童年时沉迷于采集贝类，她追逐着海鲜刀贝蛤（tuatua clams，一种会喷水自卫的贝类），这种贝类以惊人的速度钻入海底；她还追逐着巴掌大小的双带蛤蜊（toheroa，一种肉质鲜美、舌头突出、充满野味的贝类）。双带蛤蜊现在几乎绝迹，受到严格保护，偷猎这些贝类将被处以巨额罚款。这一举动（虽然从保护的角度来看有些晚）呼应了祖先将传统仪式和种群管理相结合的做法：在毛利人传统捕捞中，人们不能在水中打开贝类，一次只能采集一个物种，在某些时期禁止捕捞。

即便如此，新西兰仍盛产双壳贝类。新西兰有20多种贻贝，其中包括特有的绿唇贻贝（*Perna*

canaliculus)。这些贻贝个头很大，比其他贻贝大一倍，外壳边缘是鲜艳的绿色，几乎可以发出荧光。绿唇贻贝自20世纪70年代开始被大量养殖，是新西兰最重要的出口海产品，并冠以"Greenshell"商标远销美国、西班牙和韩国。其营养价值高——富含蛋白质、ω-3多不饱和脂肪酸、维生素 B_{12} 和硒，脂肪低，还被加工成食品补充剂。

贻贝油条是毛利人和欧洲裔新西兰人都喜欢的一道菜。在某种程度上，类似是在鸡蛋和牛奶煎饼中加入咸味配料，将经典的美式早午餐和日式大阪烧的风味结合起来。在我们的食谱中，您可以使用绿唇贻贝，或最接近的品种。它们都会被切碎，所以在这种情况下，它们漂亮的嘴唇将无关紧要。

准备**2人份**的美食，你需要:

1.5千克绿唇贻贝

2枚鸡蛋，分离蛋黄和蛋清

50克自发粉

50毫升牛奶

1大把欧芹，切碎

盐和胡椒

煎炸用植物油

步骤

1 在一个大锅中加入2～3厘米深的水并煮沸。分批放入贻贝，加盖煮2分钟，直至贻贝刚刚开口。将贻贝捞到一个大碗里，扔掉未开口的贻贝，并将碗放在冰上。

2 待贻贝冷却到可以处理时，将其去壳，用刀或食品加工机切碎。

3 另外，将蛋黄、面粉和牛奶混合，制成面糊，拌入切碎的贻贝、葱片和香菜碎，加入盐和胡椒调味。

4 现在将蛋清搅拌至变稠，然后倒入面糊中。将煎锅中的油烧热（1勺就能煎几轮了），放入面糊，煎至焦脆。配柠檬或芥末沙拉食用。

海螺

女王凤凰螺

　　海螺精致的外壳相信很多人都不陌生。也许我们在童年时就见过它，它是一位年长亲戚摆放在壁炉架或展示柜上的装饰品。有人可能会轻轻地把它递给我们，并嘱咐我们把它放在耳边，这样我们就能"听到海的声音"。当然，这种浪涛滚滚的海洋现场直播只是一种幻想，事实上贝壳的漩涡状空腔只是放大了周围的噪声，但这也表明了海螺丰富的符号学。软体动物作为原型扬声器的功能，具有庄严、神秘的属性，似乎在许多传统文化中都有所体现。在印度教的宗教实践中，"海螺壳"被用作仪式上的喇叭。在威廉·戈尔丁（William Golding）的小说《蝇王》中，只有手持海螺的男孩才能说话：通过海螺发出权威的声音。

　　从材质上看，海螺壳非常坚硬，根据其结构，人们有可能通过3D打印技术设计出几乎坚不可摧的头盔和防弹衣。麻省理工学院（MIT）的一个研究小组将其称为"锯齿形矩阵"：该小组告诉《麻省理工新闻》，任何裂缝都将被迫"穿越类迷宫路径"。

　　在所有关于海螺的讨论中，人们似乎忽略了这种生物本身——真正的海螺（肉），而不是贝壳，毕竟贝壳的作用是保护里面的动物。海螺是一种海里的蜗牛，原产于佛罗里达礁岛群和加勒比海地区（基韦斯特的当地人会亲切地称对方为"海螺"）。海螺肉可以做成汉堡、汤、炖菜和咖喱。在巴拿马，偶尔也能看到生海螺或腌海螺。海螺是该地区阿拉瓦克人和加勒比人祖先的蛋白质来源，具有甜美、微妙的海洋味道，质感度有点像软骨。如果你喜欢有质感的食物，这种嚼起来滑滑的感觉本身就是一种享受。需要注意的是，一般来说，海螺越大，口感就越像橡胶，烹饪时间过长或不够，都可能导致海螺无法食用。

营养成分表

新鲜的海螺肉

项目	每 100 克
能量	104 千卡
蛋白质	23.3 克
钙	271.2 毫克
铁	3 毫克
锌	4.4 毫克

了解你的鱼

您可以购买新鲜或冷冻的海螺。如果您买的是去壳的海螺，您要注意肉的颜色应是玫瑰黄色。根据海螺的大小和韧性，您可以将海螺切成薄片，或通过敲击使其变软，或者放进绞肉机绞碎。用酸橙汁或猕猴桃汁腌制海螺也是一种选择。

较小品种的海螺可以整只出售。您可以将它们连壳一起煮，然后用专门吃贝类的叉子将煮熟的肉挑出来。吃之前需要去掉任何灰色的结节部分，因为里面有消化腺等。最后，切下并扔掉厣（即螺的保护器官，当其缩入壳内时厣将口盖住）。

文森特海螺汤

LAMBIE SOUSE

女王凤凰螺并不是你可以想吃多少就吃多少的东西。过度捕捞导致佛罗里达州在20世纪80年代中期禁止了商业和娱乐性捕捞。20世纪90年代，管理濒危物种贸易的《濒危野生动植物种国际贸易公约》（CITES）将这种动物列入了名单。该机制有时会令部分国家停止某种生物的生产，以待通过可持续管理计划。目前只有特克斯和凯科斯群岛的一个养殖场在养殖女王凤凰螺，其目的主要是教育和旅游，而非商业。受2017年飓风的破坏，该养殖场已无限期关闭。

如今，加勒比海地区的国家采取了一系列管制措施：包括禁止捕捞未成熟海螺、禁渔期和地域限制。在圣文森特和格林纳丁斯，大约有45名持有许可证的海螺捕捞者，他们在5月至8月间（即他们的另一个主要收入来源——龙虾捕捞季节结束时）在长长的敞篷船上作业。

潜水员捕获的海产品占该国渔业出口的三分之二。然而，潜水是一项危险的工作，粮农组织一直致力于在加勒比海地区开发更安全的捕捞技术。但这并非易事：在渔业亚文化中，潜水仍被强烈地暗示为一种男性剥削行为。

我们的圣文森特菜谱中加入了藏掖花，又称"圣蓟"，它是芫荽（香菜）的表亲，但更结实、更强效。在该地区以外的地方，只需使用香菜并增加用量，一把就足够了。海螺肉最好用高压锅制作。

准备**4**人份的美食，你需要：

800～900克海螺肉

1根黄瓜，切片

1个洋葱，切碎

1勺切碎的欧芹

1勺切碎的芹菜

1勺藏掖花或1把香菜

1个柠檬，挤出汁来

盐，胡椒和辣椒
（可选）

步骤

① 将海螺肉用柠檬汁或醋洗净，然后与藏掖花一起放入高压锅中，煮30分钟。此时不要加盐。

② 将所有切碎的蔬菜和香草放入一个单独的容器（或汤盘）中。将海螺从高压锅中取出，切成一口大小的块（小心不要烫伤），将其加入其他切好的配料中。

③ 将高压锅中的海螺汤倒入汤碗中，充分混合所有配料。加入盐、胡椒和辣椒调味。温热时食用。

对虾

枝鳃亚目，真虾下目

· · · · · · · · · · · · · ·

对虾是常见的水生甲壳类动物。对虾的肉质紧实、光滑，吃完后只剩下优美的尾巴。与其他甲壳类动物杂乱无章的昆虫形象相比，对虾看起来要正常许多。小孩子喜欢它们，几乎每个人都喜欢。大型的印度洋—太平洋虎虾，可以用烧烤汁熏制；小巧的欧洲对虾装在一品脱*的玻璃杯里出售，人们可以像吃花生米一样一把吃下；来自日本北部水域的甜虾，生吃味道甜美，口感细腻（这些嗜冷的对虾在它们的一生中会从雄性变为雌性，幼虾在自发变性之前味道最甜美）。对虾可以放在海鲜饭、柠汁腌鱼、什锦饭里，或者配上萝卜片放在瑞典仲夏节夜晚的黑麦面包上。要给真虾类的每种虾都取正式名称是不可能的，当然，我们也不想这么做。

但是，人们对它们的喜爱是有代价的，捕捞对虾经常因环保或道德方面的问题而受到抨击。在野外拖网捕捞对虾的同时会捕获大量其他生物，据估计，每年有超过50万只海洋哺乳动物死于兼捕，更不用说海龟和其他濒危物种了。2021年，粮农组织制定了预防和减少这一现象发生的指导方针。其中包括建立保护制度和技术解决方案，如声学驱散和船舶监测系统。

但抨击并不止于此。对养殖对虾来说，常规的眼柄消融技术包括切除雌性的眼睛，以加速性成熟和产卵。虽然确切的神经传递过程尚待了解，但这种做法已被冠以了残忍和压迫的罪名，它还被证明会使对虾的死亡率增加两倍，并损害虾卵的抗病能力。除此以外，还有泄漏有毒物质、为建造养殖场而破坏红树林等。亚洲是对虾的主要生产地，不过世界其他地区也正在迎头赶上。2021年的初步数据显示，厄瓜多尔可能已取代印度成为对虾最大的出口国。2022年初，俄乌冲突

---

*1 品脱 ≈ 0.568 升。——编者注

迫使欧洲最大的对虾养殖场在运营仅四个月后关闭。

消费者可以通过购买经认证的对虾，包括养殖的有机对虾，来最大限度地减少损害，并在一定程度上缓解对非人道行为的担忧。大多数认证计划侧重于关注环境的可持续发展，但动物福利、工作环境和行业薪酬也正在成为相关指标。例如，全球可持续水产品倡议（GSSI）的基准标准来自粮农组织的《负责任渔业行为守则》和其他国际协议。总之，在过去十年间，该行业的表现有所提升。红树林的破坏不仅在减少，而且在一定程度上还得到了恢复。粮农组织在另一个行动领域——生物安全领域则表现更加强劲。例如，在泰国的对虾养殖场，使用先进的水交换系统、池塘衬垫和生物絮团技术（一种净化污泥和粪便并将其转化为食物的技术），极大程度上减少了病菌的爆发。

营养成分表

新鲜的对虾肉

项目	每100克
能量	87 千卡
蛋白质	16.6 克
钙	43.7 毫克
铁	1.1 毫克
锌	2.5 毫克
碘	120 微克
硒	26 微克
维生素 A（视黄醇）	10 微克
维生素 D_3	0 微克
维生素 B_{12}	[7] 微克
ω-3 多不饱和脂肪酸	0.09 克
DHA	0.08 克

[] 表示数据质量较低。

了解你的鱼

根据对虾的大小，您可能需要清理内脏，即去除消化道（一条贯穿对虾全身的黑色细管）。方法是纵向切开对虾背部，抓住消化道的上端，然后将其剥离。这样做虽然口感会更好，但除非对虾的个头很大，否则不会有太大区别。

人们对虾的内部物质偏好各不相同。西方人喜欢吃洗净的虾肉，而老饕的亚洲消费者则喜欢挤压虾头，以获取其中的美味。如果您没有试过，您可以尝试一下：取两三汤匙"虾黄"，在热油中炸几秒钟，直到变成鲜艳的砖红色。可以把它涂在吐司上，或用来给意大利面、鸡汤和泰式炒河粉调味，或倒在普通的籼米饭上，再撒上香菜碎。

龙井虾仁

LONGJING XIAREN，龙井虾仁

中国从20世纪70年代末一个对虾产量稀少的国家，一跃成为世界淡水对虾生产大国。但即使是这样的增长水平，也无法满足中国国内的市场需求。城市化和居民收入的增加使中国国内对虾消费量激增。目前，中国市场上多达一半的对虾（包括野生和养殖、海水和淡水品种）是从厄瓜多尔进口的，厄瓜多尔也是正在崛起的对虾生产大国；另外四分之一的对虾来自印度。

本节中的食谱将中国人对淡水虾的热情与龙井茶的美誉结合在一起——淡水对虾历史上是一种流通有限的中国南方美食。龙井茶是一种淡叶、微涩的烘青绿茶，采摘于杭州著名的西湖周围。它的香气常被描述为板栗的味道。您也可能注意到，这款茶以"龙井"的名字售卖。传说这道菜与18世纪乾隆皇帝一次去杭州的出行有关。据说，乾隆皇帝是乔装出游的，当地的一位客栈老板在给乾隆皇帝

准备食物时，将龙井叶误认为是大葱并放入菜肴中。

中国厨师喜欢像我们在本节中做的那样，把大虾浸泡在鸡蛋清、玉米粉和盐中，使其"天鹅绒般"光滑。这个过程不仅能让对虾吃起来脆脆的，还能隔绝炒锅的热气，保持虾肉的湿润。

绍兴料酒是用来调味的。如果您曾经做过中餐，那么您的储藏室里很可能已经有了绍兴料酒。如果没有，无论您身在世界何处，都可以随时买到。

准备**2人份**的美食，你需要：

1勺龙井茶叶

400克海虾或河虾
（不要太大，最好是新鲜的，完全去壳，如果需要的话可以去掉虾线）

2个鸡蛋清

2勺植物油

60毫升绍兴料酒

2勺玉米粉

步骤

1 将2勺绍兴料酒和鸡蛋清倒入碗中，然后放入对虾并裹上混合料。加入玉米粉和少许盐搅拌均匀后，再给对虾裹上一层——既不要裹得凹凸不平，也不要裹得完全均匀：偶尔出现的粉状突起会增加虾的酥脆口感。盖上保鲜膜，放入冰箱冷藏半小时。

2 将对虾放入冰箱后，泡一杯龙井茶。不要过滤，茶叶必须留在里面。水温应低于沸腾温度，以保持茶香。让茶水静置一会儿。

3 从冰箱中取出对虾。在炒锅中加入油，倒入虾，快速翻炒，直至虾肉呈半透明白色（"像玉一样"）。这可能需要几秒钟的时间。将虾捞出放入滤网，滤去多余的油。

4 将炒锅洗干净，重新放回火上。加入茶叶和剩余的绍兴料酒。小火慢煮，然后放入虾，简单煨一下，将虾连同汤汁一起端上桌。

螃蟹

短尾下目

螃蟹在咸水与淡水之间穿梭。其中，无论是野生的还是水产养殖的，数千个品种的螃蟹占全球甲壳类动物捕捞总量的五分之一，约为150万吨。有些螃蟹小得几乎看不见：它们通常没什么作为人类食物的吸引力，但一种小小的寄生在牡蛎身上的螃蟹——豆蟹（*Pinnotheres pisum*），在某些地方被视为美味佳肴。与之对立的是，日本蜘蛛蟹（*Macrocheira kaempferi*）展开的蟹腿可以覆盖直径3米的范围。

按体型大小的顺序排列，我们可以找到大概五种主要的商业化蟹类。体型最大、最稀有、最昂贵的是产自白令海峡寒冷水域的多刺红帝王蟹（又称阿拉斯加帝王蟹或堪察加蟹）。其次是外壳光滑的雪蟹，更广泛分布在北部海域。较小的、白紫色邓杰内斯蟹（珍宝蟹），分布在北美洲太平洋沿岸。石蟹，因在佛罗里达附近吃海螺和其他海螺而长得丰满，它的蟹爪可以随意脱落和再生：渔民只需拿掉一只蟹爪，扔回海里让它重新生长。还有更经济的岩蟹，分布在大西洋东部，从北极到毛里塔尼亚。

有趣的是，螃蟹是否会感到疼痛这个问题与龙虾面临的情况大致相同，但引发的共鸣却不尽相同。这可能是因为，除了食用性外，螃蟹还会与疾病产生关联。大约在公元前400年，医学基础的奠基人希波克拉底（Hippocrates）令人难以理解地选择用螃蟹的名字来命名癌症，在希腊语中称为"karkinos"（把恶性细胞的形态和螃蟹的形状进行类比，很可能是事后的臆想）。在一些现代语言中，这两个词仍然相同。尽管我们吃螃蟹时大快朵颐，但却继续给它们冠以病态的设定。例如，在提到它们的鳃时，虽然不好吃，但在其他方面无害，我们仍称之为"死人的手指"。

就在我们撰写本书时，俄乌冲突对全球螃蟹贸易产生了深远影响，西方国家的制裁加速了俄罗斯出口的重组。俄罗斯拥有全球近95%的红帝王蟹和雪蟹配额，这为他们带来了24亿美元的收入。过去，这些螃蟹大部分被冷冻运往美国、欧盟和它的同盟国。现在有迹象表明，更多的螃蟹将直接运往中国。

了解你的鱼

大多数螃蟹喜欢冷水（甚至是极冷），因此螃蟹往往是寒冷或温带地区的美食。但它们的受欢迎程度已经延伸到较温暖的低纬度地区。在印度，生活在红树林的泥蟹不再是沿海社区的专属，它已被城市的厨师所青睐。新加坡的辣椒螃蟹，配上辣的鸡蛋番茄酱，已经准备好享誉全球了。在泰国，软壳蟹（在螃蟹蜕壳、新壳变硬前捕获）是一道经典美食，裹上调味面粉，然后油炸，蘸上辣酱。在受法国影响的越南，这道菜可能会用生菜叶来包裹螃蟹，再加上大量的新鲜莳萝。

除了鳃和内脏（扔掉这些），螃蟹的肉既有白色肉(来自蟹爪)，也有褐色肉(来自身体)。哪里的肉更好呢？好吧，这要看情况，这场争论与鸡胸肉和鸡腿肉的争论如出一辙。老实说，我们宁愿两者兼得。如果您碰到有蟹黄的雌蟹，建议您也尝尝那种柔软易碎的物质。就像扇贝里的扇贝籽一样，蟹黄通常会被忽略，因为商家认为除了那些常见的东西以外，其他任何东西都会吓跑消费者——尽管它口感和色彩的结合会令人愉悦。

营养成分表

新鲜的帝王蟹 / 石蟹肉

项目	每 100 克
能量	69 千卡
蛋白质	15.8 克
钙	103 毫克
铁	0.6 毫克
锌	36 毫克
维生素 A (视黄醇)	7 微克
维生素 D_3	0 微克
维生素 B_{12}	9 微克
ω-3 多不饱和脂肪酸	0.19 克
EPA	0.13 克
DHA	0.05 克

海鲜汤

秘鲁是世界上渔业和美食大国之一，它又推出了一种全能型菜肴：Parihuela海鲜辣汤，融合了鱼类和甲壳类动物——不仅是螃蟹，还有贻贝、蛤蜊、对虾和海螺。然而，这道菜也许适合宴会，但很难成为朋友聚餐的菜肴。此外，食材清单也说明了这是秘鲁海岸线的独特物产：在其他地方，确保获得所有食材可能就会让后勤工作头疼不已，也会让钱包变扁。

归根结底，只要有一条鱼、一只螃蟹和一把蛤蜊就够了，其他的配料都是可有可无的奢侈品。我们建议您先把蟹切成两半：这样做不仅更人道，还能确保烹饪时内部的螃蟹汁渗出，使汤汁更加鲜美。关于如何清洗蛤蜊，请参阅第168页的"贻贝和蛤蜊"。

不可否认，这道菜还有一个更大的困难，因为它使用了秘鲁特有的配料Chicha de Jora。这是从发酵玉米中提取的一种清爽的、含少量酒精（1%～3%）的饮料。Chichherías在秘鲁随处可见，在安第斯山脉南部的村庄里也有，但不那么正式——通常是在墙上打个简单的洞，用一根竹竿在路上伸出来做广告，竹竿的末端缠着一卷彩色布料或塑料袋。如果您住的地方没有秘鲁酿酒厂，也无法在网上买到chicha酒，试着用苹果酒代替。由于chicha酒比较浓稠，您可能需要事先将其稀释一些。在土耳其和巴尔干半岛南部的部分地区，boza（一种发酵的大麦饮料，有点气泡，酒精含量低）是一个很好的替代品。

准备**4人份**的美食，你需要：

1个红辣椒和1个黄辣椒，用于调味，去籽切碎

4片鱼排
（鳕鱼、大比目鱼、鲈鱼或其他您选择的白鱼），加上鱼头或其他边角料备用

2只中等大小的螃蟹，清洗干净，从中间切开

1个洋葱，切碎

1打对虾或蜗牛
（如果是对虾，切掉虾头保存起来）

一把蛤蜊或贻贝，或两者都要洗净，但要整只

200毫升Chicha de Jora酒或淡苹果酒

1小勺新鲜姜末

1束芫荽（香菜），作为装饰

2瓣蒜，切成大瓣

1小勺烟熏红辣椒酱*
盐和胡椒
用于煎炸的食用油
（菜籽油、花生油或葵花籽油）

*秘鲁人使用ají panca，一种甜而微辣的产品。如果需要，可以用墨西哥辣椒粉或辣椒酱代替，也可以加一点糖，或者加烟熏辣椒粉。

步骤

① 将鱼头连同虾头（如果使用）及任何带鱼腥味的边角料放入大锅中，加水，调味并煮沸，转小火慢炖，直到汤汁减少一半。在煮的过程中撇去浮渣，定时品尝，以确保汤汁有浓厚的味道。达到味道要求后，关火冷却，然后过滤。

② 在另一个平底锅中，用油煸炒洋葱、大蒜、辣椒和姜末，加入红辣椒酱或辣椒粉搅拌，制成sofrito底料。保持小火，并搅拌以避免烧焦，直到它们变软并散发出香味。

③ 现在加入"Chicha de Jora"酒或苹果酒或其他替代品。将火调大，让汤变少一些。

④ 将切成两半的螃蟹轻轻地放入"sofrito"和"chicha"混合物中，然后加入蛤蜊或贻贝以及蜗牛。盖上盖子，让双壳类动物张开。

⑤ 现在加入鱼片，用勺舀一些酱汁浇在鱼片上，将过滤后的鱼汤浇在鱼片上。再次煮沸后小火慢炖5分钟。

⑥ 让海鲜汤冷却几分钟，此时，各种味道会进一步融合。用勺把汤舀进碗里，确保每人都能吃到。在每个碗上撒一些新鲜芫荽，再配上大块面包或淀粉类食物。

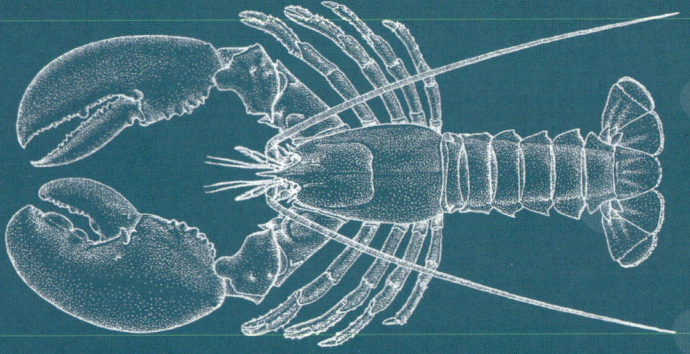

你们都来了真是太好了。

[海螺] 说什么呢？我听力不太好。

怪不得你有这么硬的外壳。你为什么不出来，海螺？

[海螺] 我一直认为人类应该听我说的话，而不是听我的海螺壳。不管怎样，出来太危险了。那里有螃蟹和龙虾。

[龙虾] 什么？我？我们？怎么敢这样？我来夹一下——

现在，现在，让我们都冷静下来。请注意你的语言，不要互相交谈。龙虾，你是这里最大最贵的，应该以身作则。请把你的爪子放下来——我们不鼓励威胁行为。

[龙虾] 哼。

每个生物都应该有发言权。还有你，螃蟹。我希望你没有把我的话当作你应该走到一旁靠边站的意思。

[螃蟹] 但是我必须这么做，我一走就会横着住旁边走。

原来如此。那轮到你们了对虾们，我知道你们有话要对我们的读者说

[对虾] 是的，谢谢你给我们这个机会。我们的信息是：你们很多人只想要我们的身体，这太贬低我们了。我们的虾脑也很不错，试试吧。

好建议。但我想我们还没有收到蛤蜊的消息……

……

什么都没有吗？

[贻贝] 蛤蜊不会说话。我们也很沉默寡言，但我们有另一种表达自己的方式。

啊？是什么呢？

[贻贝] 仔细听着。

听什么？我听不到任何声音！

[贻贝] 嘘……我们在为你清理大海……

鱼类访谈

水生甲壳类动物

庖丁解"鱼"

安赫尔·里昂

米其林星级餐厅

安赫尔·里昂（Ángel León）是西班牙知名的"海鲜大厨"，以使用地中海最不起眼、最容易被忽视的食材创造餐饮奇迹而闻名：这里有您从未吃过的沙丁鱼，还有从未吃过的浮游生物……嗯，从未吃过。他经营的位于加的斯圣玛丽亚港的Aponiente餐厅，凭借以节俭为主题的创造力赢得了米其林三星和绿星。这些菜单都体现了他对充足海洋资源一半严格细致、一半嬉戏有趣的探索追求——希望在所有方面或几乎所有方面都用海洋代替陆地：如果可以用鱼眼来使酱汁变得浓稠，为什么还要用黄油？如果用海洋微藻就可以做法式澄清汤，为什么还要用蛋清？既然如此，为什么还要扔掉任何东西呢？如果是大海生产的，那就都可以吃。

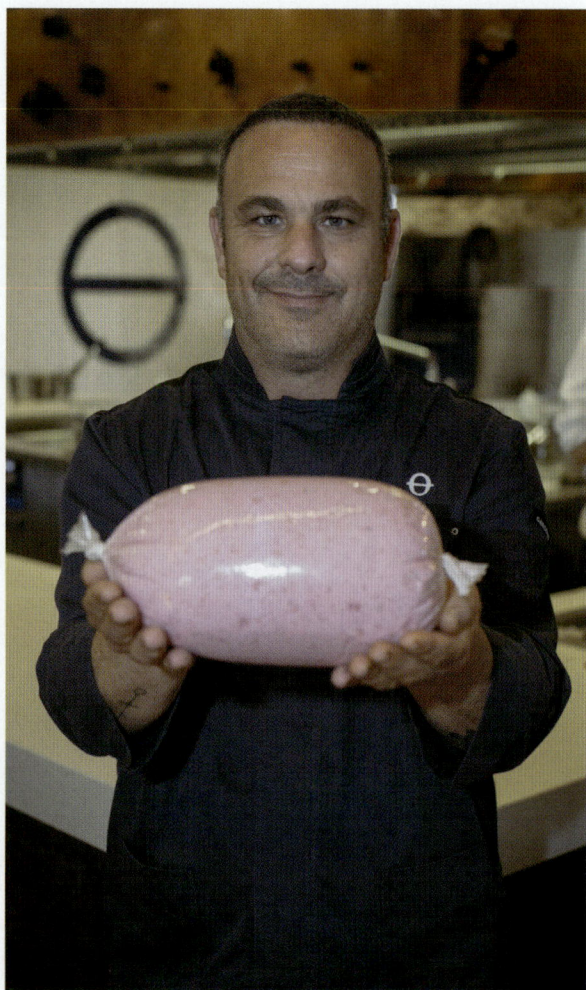

©曼努埃尔·蒙特罗

意式鱼肉肠

安赫尔·里昂
意式鱼肉肠

在我们的书中，里昂选择了一个既能体现横向思维又体现简单思维的食谱。他一直关注摩泰台拉香肠（mortadella），一种被美国人称之为"baloney"的意大利热午餐香肠，里昂用"morralla"实现了再创造。"morralla"是一种"无名"鱼——由平头灰鲻鱼和类似鱼类组成的副渔获物，通常被扔掉或最多用于制作鱼汤或蟹肉棒。在欧洲的另一端，挪威人称其为"ufisk"，字面意思是"非鱼"。"ufisk"指的是太便宜或太丑而不能单独食用的鱼，如果鱼贩愿意进货的话，您甚至可以免费得到。

里昂从副渔获物中取出鱼类，将其碾碎，然后加入摩泰台拉香肠调料，通常是盐、白胡椒、大蒜粉和开心果的细碎混合物，将其充分搅拌到鱼肉碎末中（开心果可以用大块的，甚至整颗都可以）。下一步，里昂将这些材料放入合成皮中——实际上是一个狭窄的透明塑料袋，形成一个两端封口的圆筒。

然后将"香肠"放在炉灶上的热水（或蒸汽）中，在82℃的温度下煮两个小时。时间一到，里昂就把他的作品直接放入装满冰块的碗中。随着蛋白质的冷却，鱼肉香肠就会呈现出一种类似于西班牙肉酱的口感。

将鱼肉香肠切成薄片，配上松脆的白面包食用。

马利克·拉比迪

拥有全国粉丝的餐厅创始人

对马利克·拉比迪（Malek Labidi）来说，在巴黎获得经济学学位是她对梦想的妥协，但也是她走上专业厨师这条道路的学术基础。她从保罗·博古斯学院毕业后（她形容那是艰苦但开心的三年），在巴黎雅典娜广场酒店师从阿兰·杜卡斯（Alain Ducasse），之后回家乡突尼斯开办LeBôM餐厅。这家餐厅开创了新局面，在保守的餐饮市场上提供每日变化的菜单，而不是沉迷于日复一日的固定菜式。几年后，拉比迪通过承办国宴和主持电视烹饪节目，收获了突尼斯全国各地的追随者。作为新鲜食材和健康饮食的倡导者，她创新研发了多样化的家乡美食——既有地中海沿岸的美食，也有来自内陆地区阳光普照的花园和果园的美食。

马利克·拉比迪
盐焗鲈鱼配冷酱汁

拉比迪为我们煮了一整条外皮裹满盐的鲈鱼。鱼应去内脏，但要保留鱼鳞。吃鲈鱼的乐趣一半在于其湿润的口感，这本身就是一种风味：盐可以保持鱼的水分，同时通过鱼皮调味。用温热的橄榄油拌番茄和香草制成的冷酱汁就像香膏一样包裹着鲈鱼。

首先，拉比迪将烤箱预热到200°C。与此同时，她在一个深碗中将盐与切碎的莳萝、百里香、杜松子（轻轻碾碎）、磨碎的生姜和柠檬皮混合在一起（如果一次混合的量太多，可以分批进行。另外，保留一些莳萝备用）。然后，拉比迪在烤箱托盘底部铺上一层厚厚的芳香盐，把鱼放在上面，再用剩下的混合盐完全覆盖鱼。放入烤箱烤20分钟。

制作冷酱汁（sauce vierge）时，拉比迪将橄榄油放入锅中用小火加热3分钟，然后熄火。她在锅中放入切好的橙子皮和柠檬皮（去掉果髓）、几片生姜和迷迭香，全部浸泡在油中。洋葱、番茄和青椒切成细末，放在另一个碗里。在蔬菜上挤一些柠檬汁，用盐和胡椒调味，然后把油倒在蔬菜上。

将鲈鱼从烤箱中取出，撕开并丢弃大部分盐皮，露出苍白晶莹的鱼肉：她将鱼肉拿出来装盘，并在鱼上淋上红绿相间的酱汁。

©斯利姆·布盖拉

盐焗鲈鱼配冷酱汁

梅加·科利

具有千年魅力的时令美食

梅加·科利（Megha Kohli）对美食的执着并非长大后才有。她回忆自己4岁时，坐在父亲肩上逛德里老城香料市场的情景；6岁时，她在祖母的厨房里制作蛋糕。25年后的今天，虽然她的烹饪方式更加成熟，但仍不失早年的活泼。如今，科利已经调到位于印度德里郊区古尔冈高档住宅区附近的梅兹咖啡馆和葡萄酒公司工作。她是在更中心的拉瓦什成名的，在那家亚美尼亚-印度餐厅里，她在开花的洋葱里烤椰子对虾（还有其他一些菜），吸引了其他厨师的注意。许多线上粉丝似乎都很喜欢科利的风格：亲切而又讨人喜欢。而且，从她拒绝削芒果皮和加倍使用芒果皮的照片中可以看出，她的风格还融入了千禧一代的诙谐元素。

梅加·科利
生芒果咖喱鱼

科利在这道菜中以三种方式使用芒果：磨粉；生的、去皮的切片；生果皮，她称之为"额外的冲击力"。菜谱使用的是青芒果。芒果皮营养丰富，富含纤维和抗氧化剂。将芒果洗净或选用有机芒果，以尽量减少农药的存在。

至于鱼，科利使用一种叫"boal"的鲇鱼，她事先用柠檬汁、盐和姜黄将其腌制。也可以使用其他可以切成厚鱼片的淡水鱼。柠檬和姜黄有助于去除淡水鱼中积累的有机化合物（geosmin）的味道。科利推荐使用"达恩"切法，即从鱼骨处切下厚厚的横切片。食谱中还需要咖喱叶、黑芥末和孜然籽，更多的姜黄、椰奶、干红辣椒、蒜末和辣椒粉。烹饪时使用酥油，一种在印度普遍用于煎炸的、去除杂质的油（或者您也可以使用高燃烧点的中性食用油，最好不要使用橄榄油或黄油，因为它们味道太浓，容易产生大量烟雾）。

科利在不粘锅中倒入酥油，开中火，然后加入黑芥末和孜然籽。当孜然籽开始发出嗞嗞声时，她放入生芒果切片、芒果皮和配料粉即芒果粉、姜黄和辣椒粉。先将芒果煮软几分钟，然后倒入椰奶，再用小火将酱汁煮1分钟。接着放入鱼片，小火煮熟（根据鱼片厚度，可能需要5～7分钟左右）。品尝酱汁，根据需要加盐调味，必要时加点水或鱼汤调整稠度。

最后一步是调味，或称"tadka"——这一过程通过在热油中快速油炸，将香料炸到更好的味道。科利又加热一点酥油，然后放入咖喱叶、碎蒜瓣、芥末籽和干辣椒。炸半分钟后淋在鱼肉和酱汁上，配米饭食用。

©萨姆亚·古普塔/希瓦·坎特·维亚斯

生芒果咖喱鱼

罗德里戈·帕切科

粮农组织形象大使：当地生产，全球风味

博卡瓦迪维亚（Boca-valdivia）餐厅位于海边，这里可能会让人联想到基多（厄瓜多尔首都）或瓜亚基尔某个美食圣殿的海滩。事实上，它是独一无二的，是一个综合开发项目的美食部分。在这里，主厨罗德里戈·帕切科和他的团队将一片空地改造成了"可食用森林"，一个由生物多样性耕作和农业生态实践组成的微观食品系统。在没有围墙的厨房里，帕切科将土著食材与特色海鲜相结合。菜品上没有任何装饰：食物在未上釉的黑色陶制器皿上呈现出近乎抽象的色彩漩涡。但在简约的美感和极短的供应链背后，却隐藏着极其复杂的工艺。这是对亚马孙美食海滩化和城市化的重新解读：让当地美食成为全球话题和可持续发展的模板。

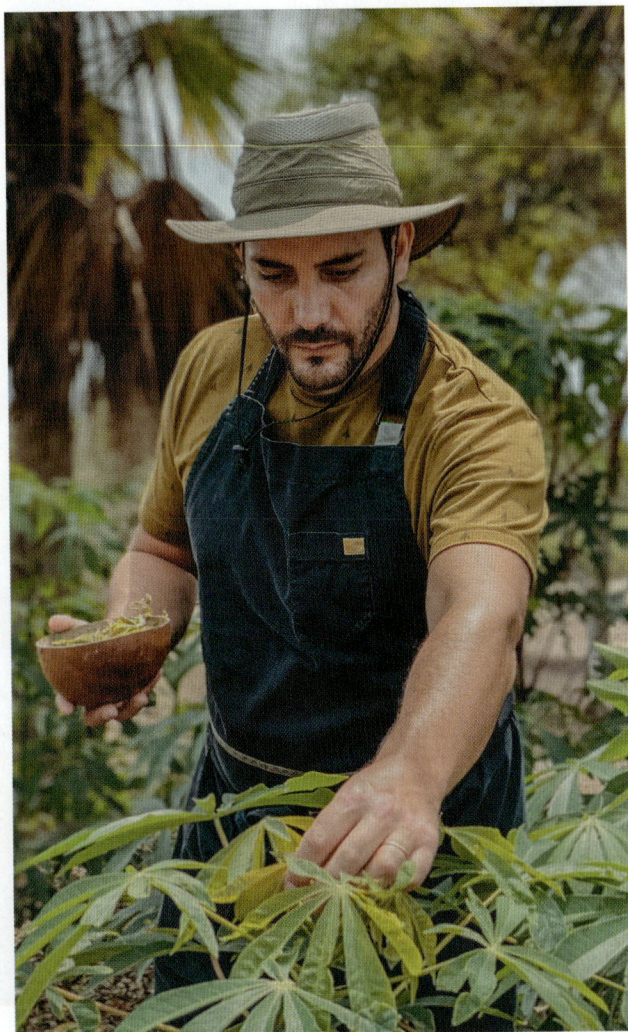

罗德里戈·帕切科
木薯脆片大虾汤

在我们的食谱中，帕切科从附近的卡约港渔民那里采购新鲜对虾——要挑几只大的，视觉上有吸引力，还有再挑几只小的，味道鲜美。食谱中还有自家种植的木薯；"neapia"酱，一种深色、辛辣、烟熏的调味品，用木薯淀粉制成的浓稠酱料，汤的名字就来源于此；一种天然的、温和的橙色色素胭脂树橙，帕切科将其磨碎制成腌料，并加入盐和酸橙汁调味；大蒜；韭菜；最后是刺芹（culantro）——芫荽的长叶表亲，许多厄瓜多尔人称其为"chillangua"，而加勒比海地区的当地人则称其为"chadon beni"。

木薯根去皮后磨碎，得到一撮湿乎乎的纤维状物质。然后用力挤压，将半透明的白色汁液收集到碗中，剩余的干纤维则放在一边。碗中还放入木薯叶、韭菜、切碎的小虾、半勺"neapia"酱和一小瓣捣碎的大蒜，所有这些都和木薯汁搅拌在一起。

然后，帕切科将大虾去壳去虾线，留下虾头和虾尾，刷上胭脂树橙制成的腌汁。接着，他把榨汁后剩下的木薯纤维磨成粗糙的粉末，在平底的容器上铺开，然后烤成一片香脆的土著面包（Casabe）。发酵后的木薯肉被烤成一个小饼。大虾在胭脂树橙腌料的浸泡下变成了浓红色，然后把它烤熟。

现在，帕切科开始组装这道菜。他先把小饼放在一个深陶碗里。然后舀上木薯淀粉制成的酱料，汤中散发着草药和海洋的芳香。接着把烤好的大虾放进去，让它们尾部朝下。竖直地插入一些新鲜的木薯叶作为点缀。最后的部分昭示着这道菜的本土灵感：把木薯脆片平整地盖在食物上。

木薯脆片大虾汤

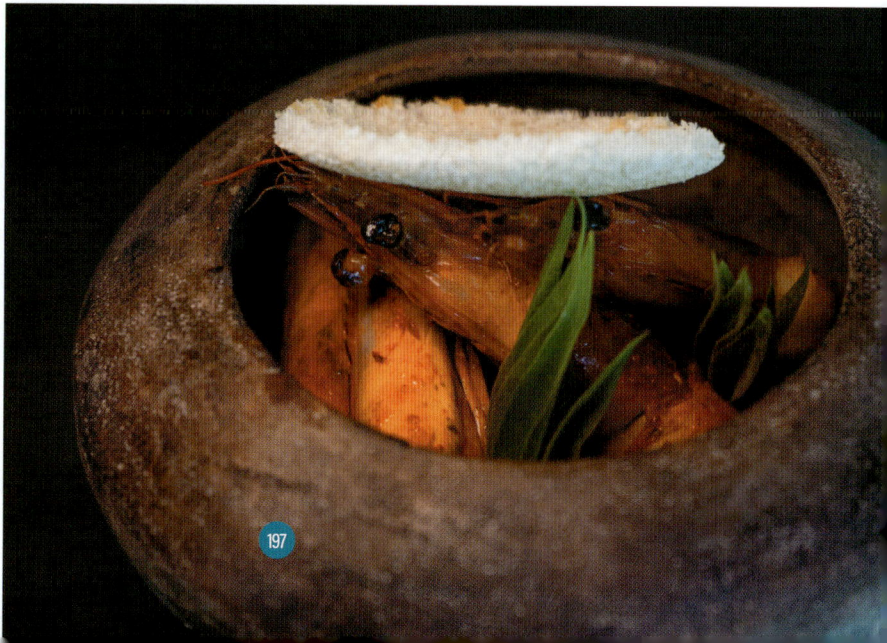

©安吉尔·卢西奥·C

桑德罗·塞尔瓦
毛里奇奥·塞尔瓦

家庭餐馆的文艺复兴

在意大利，一提到"家庭餐馆"，人们可能会联想到一种令人愉悦但又预料之中的乡土气息，因为十有八九情况就是如此。而在 La Trota dal '63 餐厅，情况却并非如此。这个有着六十年历史的餐厅坐落在一个小村庄里，周围是树木繁茂的山丘和清澈见底的湖泊。在这里，桑德罗·塞尔瓦（Sandro Serva）和毛里奇奥·塞尔瓦（Maurizio Serva）兄弟及他们的儿子米歇尔（Michele）和阿米迪奥（Amedeo）为客人提供你难以想象的美食。餐厅只供应淡水鱼——这是欧洲唯一一家有能力这么做的餐厅。桑德罗和毛里奇奥负责厨房工作：他们自

学成才，将一家小餐馆经营为米其林二星级餐厅。米歇尔和阿米迪奥负责前厅：他们贡献了自己的葡萄酒知识和设计才能。这里的鱼产自附近地区，而这里的体验却远在乡情之上。

©达里奥·科罗内塔

鳗鱼配水芹和猕猴桃

塞尔瓦兄弟
鳗鱼配水芹和猕猴桃

毛里奇奥·塞尔瓦为我们烹饪了今年菜单上的一道新菜（如果您想试试，请提前几天开始准备）。这种处理方法既保留了鳗鱼肉的鲜美，又抵消了它的油腻。除了鱼肉，塞尔瓦还使用了鱼骨、一束水芹（水芹的存在证明了当地水域的纯净）、新鲜蒲公英、糖、橙子、柠檬和酸橙、猕猴桃及香料。

塞尔瓦在搅拌机中加入冰水，将芹菜打成带青草味和胡椒味的汁，然后将鳗鱼放入水芹汁中，放进冰箱腌制48小时。他将鱼骨完全清洗干净，然后在80℃的烤箱中进行至少12小时的烘干。鱼骨干透后，将其放在热油中炸，待冷却后制成粉末（塞尔瓦解释说这种粉末可以传达鳗鱼最精华的味道）。

接下来，塞尔瓦将模拟蒲公英"花蜜"。他在一个小锅里用水和红糖制成糖浆，加入肉桂、八角和丁香，以及磨碎的柠檬、酸橙和橙皮。将糖浆从火上拿下来，放入一把蒲公英花和叶子，再挤上柠檬汁，然后让浓稠的液体放置一夜，等到第二天早上再将其过滤。蒲公英花蜜就做好了。

现在，塞尔瓦开始处理猕猴桃。他把平底锅烧热，削去猕猴桃的果皮，纵向切成两半，放进锅里煎。然后，他在煎熟的半个猕猴桃上撒上红糖，用喷枪将其焦糖化。最后是鳗鱼的部分，他先将鳗鱼放在月桂叶上用烤炉烘烤，然后涂上蒲公英蜂蜜，用烤架炙烤。

是时候装盘了。将鳗鱼和猕猴桃（切面朝下）并排摆放，上面撒上鱼骨粉。在盘子旁边，塞尔瓦还放了一杯过滤后的冰镇水芹腌汁，为菜品提供了一种清新的草本味道。

199

参考文献

Arno, Caussimon, J.-R. & Ferré, L. 1995. Comme à Ostende. In: *À la française* [musical recording]. France, Delabel.

Chang, Y.L.K., Feunteun, E., Miyazawa, Y. & Tsukamoto, K. 2020. New clues on the Atlantic eel's spawning behavior and area: the MidAtlantic Ridge hypothesis. *Scientific Reports*, 10(15981). https://doi.org/10.1038/s41598-020-72916-5.

Cucherousset, J., Boulêtreau, S., Azémar, F., Compin, A., Guillaume, M. & Santoul, F. 2012. "Freshwater Killer Whales": Beaching Behavior of an Alien Fish to Hunt Land Birds. *PLoS ONE* 7(12).

Dante Alighieri. 1995. Purgatorio, Canto XXIV. In: A. Mandelbaum (trans.) *The Divine Comedy*. London, Penguin Random House.

Davidson, Alan. 1972. *Mediterranean Seafood*. London, Penguin.

Forster, E.M. 1926. Notes on the English Character. *Atlantic Monthly, January*.

François, B. 2021. *Éloquence de la sardine. Incroyables histoires du monde sous-marin*. Paris, J'ai lu.

Gray, J.H. 1988. The Flying Fish. In: *The Poems of John Gray*. Greensboro, North Carolina, USA, ELT Press.

Heaney, S. 2001. Oysters. In: *Field Work*. London, Faber and Faber.

Hogan, Z.S., Moyle, P.B., May, B., Vander Zanden, M.J. & Baird, I.G. 2004. The Imperiled Giants of the Mekong. *American Scientist*, 92(3).

Jiwani, S. 2019. The shrinking pomfret of suburban Mumbai. In: *People's Archive of Rural India*. Mumbai, India. Cited 4 August 2022. ruralindiaonline.org/en/articles/the-shrinking-pomfret-of-suburban-mumbai/.

Karateke, H.T. 2013. *Evliyā Çelebī's Journey from Bursa to the Dardanelles and Edirne*. Fifth Book of the Seyāḥatnāme, Volume 7. Leiden, Netherlands, Brill.

Kurlansky, M. 1999. *Cod: A Biography of the Fish that Changed the World.* London, Penguin Random House.

Martel, Y. 2011. *The Life of Pi.* Toronto, Canada, Knopf.

Oceana. 2019. Casting a Wider Net: More Action Needed to Stop Seafood Fraud in the United States. In: Oceana. Washington, DC. Cited 4 August 2022. https://usa.oceana.org/reports/casting-wider-net-more-action-needed-stop-seafood-fraud-united-states/.

Pliny the Elder. 1950—1991. Book IX. In: H. Rakham, W.H.S. Jones & D.E. Eichholz (trans.) *Natural History.* Cambridge, Massachusetts, USA, Harvard University Press.

Ries, J.B., Cohen, A.L. & McCorkle, D.C. 2009. Marine calcifiers exhibit mixed responses to CO_2-induced ocean acidification. *Geology*, 37(9).

Risso, A. 1810. *Ichthyologie de Nice, ou histoire naturelle des poissons du département des Alpes-Maritimes.* Paris, F. Schoell.

**Sadovy de Mitcheson, Y.J., Linardich, C., Barreiros, J.P., Ralph, G.M., Aguilar-Perera, A., Afonso, P., Erisman, B.E., *et al.* 2020. Valuable but vulnerable: Over-fishing and under-management continue to threaten groupers, so what now? *Marine Policy*, Vol. 116.

Schmidt, J. 1923. The *Breeding Places* of the *Eel.* In: *Philosophical Transactions* of the *Royal Society* of *London. Series B, Containing papers* of a biological character, Vol. 211.

**Stuntz, G.W., Patterson III, W.F., Powers, S.P., Cowan, Jr., J.H., Rooker, J.R., Ahrens, R.A., Boswell, K., *et al.* 2021. Estimating the Absolute Abundance of Age-2+ Red Snapper (*Lutjanus campechanus*) in the U.S. Gulf of Mexico ("Great Red Snapper Count report"). Mississippi-Alabama Sea Grant Consortium, NOAA Sea Grant.

关于物种保护的大部分信息来自世界自然保护联盟（IUCN）。对于FAO/INFOODS全球鱼类和贝类食物成分数据库（uFiSh）中没有的营养数据，我们参考了水生食物成分数据库以及挪威海洋研究所（IMR）和美国农业部（USDA）的数据。

致谢

　　许多厨师——其中大多数是业余厨师，有些是专业厨师——为这本书贡献了食谱（一些食谱经过改编），其他厨师和工作人员都分享了个人记忆和文化见解。其中一些贡献者已在文中列明，但大多数人没有。他们的支持和建议至关重要。我们在此感谢他们：

Adeola Akinrinlola	Ani Grigoryan	Piotr Ogar
Marcelo Barcellos	Simeon Hall Jr.	Hugo Podesta
Tuğçe Basaran	Dejan Karapeev	Claudio Quiroz
Karisha Chakma	Frances Kennedy	Lina Pohl Alfaro
Francesco Di Bona	Alicia Lavia	Mairam Sarieva
Fatimatou Diallo	Nara Lee	Henri Schoenmakers
Jamon Edwards	Jeanne Marion-Landais	Shara Seelall
Dora Egri	Moseka Mokwa	Kyōko Shibuta
Guzal Fayzieva	Leshan Monrose	Alizèta Tapsoba
Izzat Feidi	Valeria Navas Castillo	Juan Tinoco
Rosa Fonseca	Mark Nelson	Gustavo Vilner
Amy Collé Gaye	Vidyawatie Nidhansing	Orisia Williams
Sharine Gomez	Emely Nyakumuse	

　　我们还要感谢缅甸和瑞典驻罗马联合国机构代表团。

图书在版编目（CIP）数据

鱼：知之，烹之，食之/联合国粮食及农业组织编著；唐利玥，赵贞译. --北京：中国农业出版社，2025.6.-- （FAO中文出版计划项目丛书).--ISBN 978-7-109-33176-1

Ⅰ.TS972.126.1

中国国家版本馆CIP数据核字第202573V2G6号

著作权合同登记号：图字01-2025-0148号

鱼：知之，烹之，食之
YU: ZHIZHI, PENGZHI, SHIZHI

中国农业出版社出版
地址：北京市朝阳区麦子店街18号楼
邮编：100125
责任编辑：何　玮
责任校对：吴丽婷
印刷：北京通州皇家印刷厂
版次：2025年6月第1版
印次：2025年6月北京第1次印刷
发行：新华书店北京发行所
开本：700mm×1000mm　1/16
印张：13.5
字数：228千字
定价：108.00元
